20° Ost
40°
60°
80°
100°
120°
140°
160°
180°
Franz-Josef-Land
Nowaja Semlja
Barentssee
Nordkap
Kola
Karasee
Kap Tscheljuskin
Taimyr Halbinsel
Laptewsee
Ostsibirische See
Kap Deshnew
Werchojansk
Werchojansker Gebirge
Lena
Ural
Ob
Jenissei
Sibirien
Stanowoigebirge
Baikalsee
Jablonowyjgebirge
Beringmeer
Aleuten
Kamtschatka
Ochotskisches Meer
Amur
Wolga
Moskau
Irtysch
Nowosibirsk
Altai
EUROPA
ASIEN
Kaspische Senke
Elbrus 5642
Schwarzes Meer
Kaspisches Meer
Turan
Tian Shan
Tarimbecken
Gobi
Mandschurei
Japanisches Meer
Honshu
Tokio
Peking
Korea
Hindukusch
Kunlun Shan
Hochland von Tibet
Huang He
Ostchinesisches Meer
Mesopotamien
Hochland von Iran
Himalaya
Mt. Everest 8872
Delhi
Indus
Thar
Ganges
Jangtsekiang
Südchinesisches Bergland
Kanton
Pazifischer Ozean
10554
Kairo
Nil
Arabien
Rotes Meer
Große Arabische Wüste
Indien
Arabisches Meer
Mumbai
Golf von Bengalen
Bangkok
Mekong
Andamanen
Nikobaren
Philippinen
Marianen
Witjas-Tief
11034
10540
Mikronesien
Marshall-Inseln
Zentralpazifisches Becken
Tibesti
AFRIKA
Kap Guardafui
Hochland von Äthiopien
Kap Comorin
Ceylon
Südchinesisches Meer
Karolinen
Asandeschwelle
Kongo
Kongobecken
Kenia 5199
Kilimandscharo 5895
Malediven
Sumatra
3805 Kerinci
Borneo
Malaiischer Archipel
Melanesien
Neuguinea
Kiribati
Kinshasa
Daressalam
Seychellen
Tschagos-Inseln
Java
7450
Kap York
Salomon-Inseln
Ellice-Inseln
Komoren
Lundaschwelle
Sambesi
Indischer Ozean
Kokos-Inseln
Darwin
Korallensee
Samoa
Madagaskar
Maskarenen
Kalahari
Johannesburg
Drakensberge
Große Sandwüste
AUSTRALIEN
Neukaledonien
Kap der Guten Hoffnung
Perth
Große Victoriawüste
Australisches Tiefland
Großes Australisches Bergland
Große Australische Bucht
Sydney
2230 Mt. Kosciusko
Tasmansee
St. Paul
Tasmanien
Neuseeland
Chatham-Insel
Kerguelen
Campbell-Insel
ANTARKTIS
5881E_2

Inhaltsverzeichnis

Räumliche Disparitäten und Verflechtungen erläutern 6

Globale Ungleichheiten 8

Entwicklungsstand von Staaten 8

Entwicklungszusammenarbeit 11

Zentren und Peripherien 12

Globalisierung – die Welt rückt zusammen 14

Regionalisierung ergänzt Globalisierung 18

METHODE Eine Karikatur auswerten 20

ALLES KLAR Gewusst – gekonnt 21

Doppelkontinent Amerika 22

Amerika – ein Überblick 24

Naturräumliche Ausstattung Nord- und Südamerikas 28

METHODE Daten vergleichen 36

Wirtschaftsstrukturen amerikanischer Staaten 37

- Kanada 38
- Mexiko 40
- Brasilien 42
- Andenländer 44

Siedlungsstrukturen Nord- und Südamerikas 46

METHODE Eine thematische Karte anfertigen 52

ALLES KLAR Gewusst – gekonnt 53

Inhaltsverzeichnis

Weltwirtschaftsmacht USA 54

USA – Land der unbegrenzten Möglichkeiten 56

Wirtschaft im Überblick 60

METHODE Einen Wirtschaftsraum analysieren 61

Wirtschaftsregionen im Wandel: Industrie 64

Wirtschaftsregionen im Wandel: Landwirtschaft 68

Wirtschaftsfaktor Tourismus 72

METHODE Worldmapper-Karten auswerten 74

ALLES KLAR Gewusst – gekonnt 75

Raumausstattung, -nutzung, -gestaltung analysieren und erläutern 76

Europäische Union 78

Blick auf Europa 78

METHODE Einen Naturraum im Team analysieren 81

Wirtschaftsraum Europa 82

Die EU und ihre Ziele 84

Euroregionen – Zusammenarbeit grenzenlos 88

ALLES KLAR Gewusst – gekonnt 90

Wirtschaftsraum Deutschland und Raumplanung 92

Wirtschaftsräumliche Gliederung 94

Sektoren der Wirtschaft 96

Primärer Sektor: Landwirtschaft 98

Sekundärer Sektor: Industrie 100

Ruhrgebiet – Industrie und Dienstleistungen 102

METHODE Eine Standortanalyse durchführen 107

Tertiärer Sektor: Beispiel Frankfurt – „Bankfurt" 108

Raumplanung – warum und durch wen? 110

Metropolregion Mitteldeutschland 114

METHODE Eine Pro- und Kontra-Diskussion durchführen 118

METHODE Eine Raumplanungsmaßnahme erkunden und bewerten 120

METHODE Eine Raumanalyse vor Ort durchführen 122

METHODE Ergebnisse präsentieren 124

ALLES KLAR Gewusst – gekonnt 125

Anhang 126

Minilexikon 126

Quellenverzeichnis 128

Räumliche Disparitäten und Verflechtungen erläutern

Globale Ungleichheiten 8

Entwicklungsstand von Staaten 8

Entwicklungszusammenarbeit 11

Zentren und Peripherien 12

Globalisierung – die Welt rückt zusammen 14

Regionalisierung ergänzt Globalisierung 18

Eine Karikatur auswerten 20 METHODE

Gewusst – gekonnt 21 ALLES KLAR

- räumliche Ungleichheiten auf der Erde erläutern und Länder nach ihrem wirtschaftlichen Entwicklungsstand ordnen,
- die zunehmende weltweite Verflechtung an Beispielen aus dem eigenen Leben aufzeigen,
- die Zusammenarbeit und Verflechtungen innerhalb von Regionen erläutern,
- Karikaturen auswerten.

M1 In der Brigade Road in Bangalore / Indien

Entwicklungsstand von Staaten

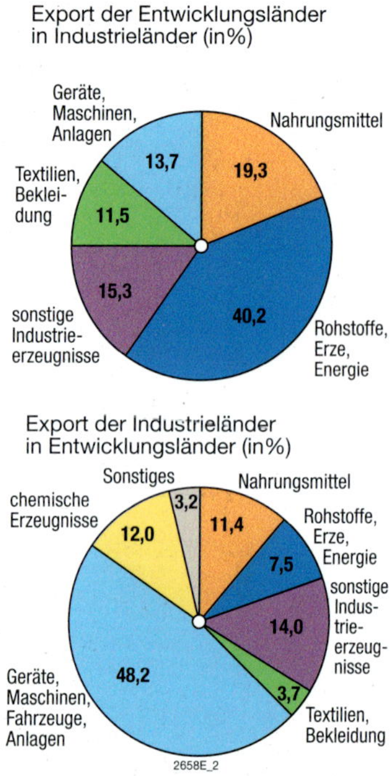

M1 Handel zwischen Arm und Reich (2008)

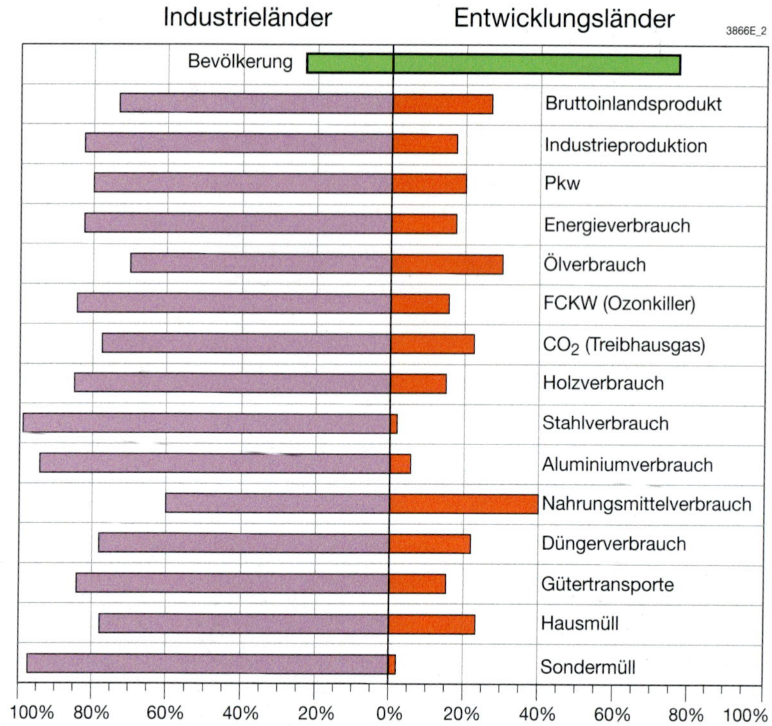

M2 Industrie- und Entwicklungsländer im Vergleich (2008)

Reiche Länder ...

Die Lebensbedingungen sind in den Staaten der Erde sehr verschieden. Die enormen Unterschiede sind vor allem auf den Stand der wirtschaftlichen Entwicklung jedes einzelnen Landes zurückzuführen. Dieser wird mithilfe des Bruttoinlandsprodukts (BIP) ermittelt.

In den hoch entwickelten Staaten, allgemein Industrieländer genannt, sind die Grundbedürfnisse wie ausreichend Trinkwasser, Nahrung, Kleidung, Bildung, medizinische Versorgung und menschenwürdiges Wohnen für den überwiegenden Teil der Bevölkerung erfüllt. Arbeitsteilung, Mechanisierung und Automatisierung in Industrie und Landwirtschaft sorgen für hohe Produktivität und damit guten Verdienst.

Aufgaben

1 **Vergleiche Industrieländer und Entwicklungsländer (M2). Erstelle dazu eine Tabelle.**

2 **Notiere Grundbedürfnisse, die in Entwicklungsländern für den Großteil der Bevölkerung nicht ausreichend befriedigt werden können.**

Arbeitsheft

Info

Bruttoinlandsprodukt (BIP)

Darunter versteht man den Gesamtwert der erzeugten Güter in Industrie, Handwerk, Landwirtschaft sowie der Dienstleistungen eines Landes in einem Jahr. Dividiert man diesen Wert durch die Zahl der Einwohner, ergibt sich der Pro-Kopf-Wert.

Sozialkunde

M3 Jugendliche in Deutschland

M4 Kinder in einem Steinbruch in Madagaskar

… und arme Länder

In den weniger entwickelten Staaten, oft Entwicklungsländer oder Länder der Dritten Welt genannt, leidet der größte Teil der Bevölkerung darunter, dass die Grundbedürfnisse kaum erfüllt werden können. So sind zum Beispiel die Trinkwasser- und Stromversorgung oft völlig unzureichend. Auch der Zugang zu Bildung und medizinischer Versorgung bleibt für viele Menschen ein unerfüllter Wunsch. Es fehlen Schulen und Ausbildungsplätze. Die Menschen müssen Arbeit zu Niedriglöhnen annehmen. Viele Kinder sind dazu gezwungen, Geld zu verdienen, um ihre Familien zu unterstützen. In einigen Regionen werden sie sogar wie Sklaven behandelt. Fleißiges Arbeiten ist keine Garantie für ein menschenwürdiges Leben. Weltweit lebt über eine Milliarde Menschen in extremer Armut.

M5 Grundbedürfnisse eines Menschen

Info

Räumliche Disparitäten

Darunter werden Ungleichheiten hinsichtlich des wirtschaftlichen und gesellschaftlichen Entwicklungsstandes weltweit (globale Disparitäten) oder innerhalb eines Kontinentes, einer Region, eines Landes, zwischen Bundesländern oder innerhalb einer Stadt (regionale und lokale Disparitäten) verstanden.

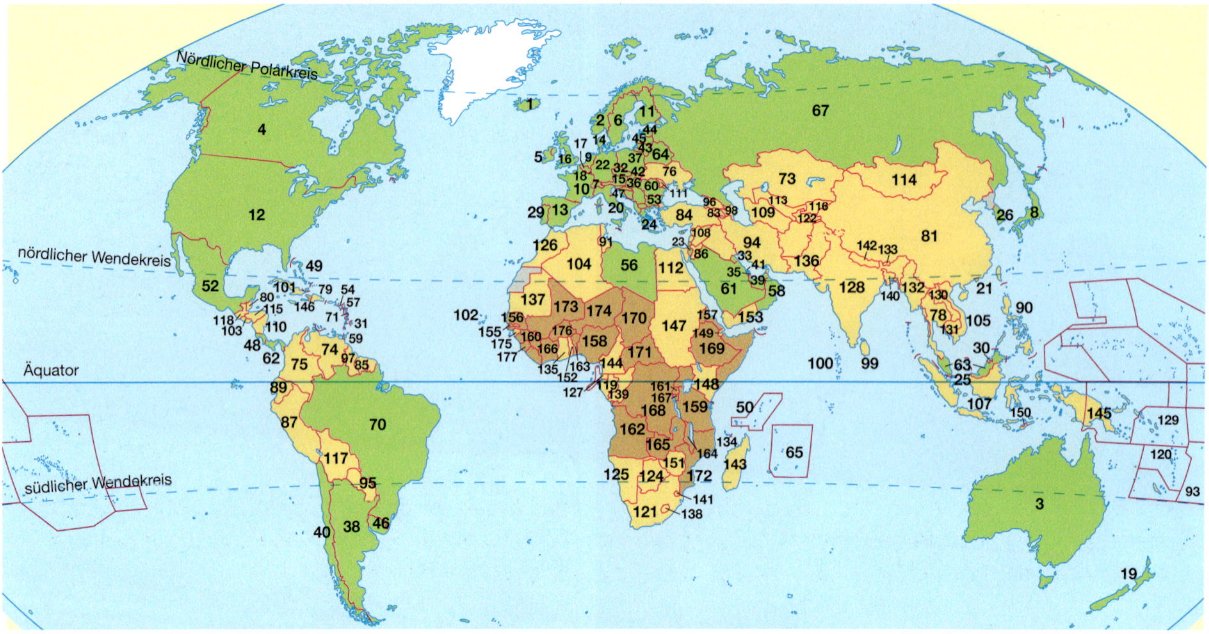

Entwicklungsstand der Länder nach HDI
- hoch (HDI > 0,8)
- mittel (HDI 0,8 - 0,5)
- niedrig (HDI < 0,5)

76 Rang eines Landes in der Liste der UNO

72 Saint Lucia
82 Grenada
92 St.Vincent/Grenadinen
130 Sao Tomé und Principe

27 Slowenien
66 Bosnien und Herzegowina
68 Albanien
69 Mazedonien

28 Zypern
34 Malta
88 Libanon

3891E_16

Angaben aus: Human Development Report 2008

M1 Entwicklungsstand der Länder auf der Erde

Sehr hoch bis gering entwickelte Länder auf der Erde

M2 Logo der UN

Die Vereinten Nationen (UN) berechnen in jedem Jahr den Entwicklungsstand aller Länder mithilfe des Human Development Index (HDI). Diese Berechnungen sind wichtig, um Hilfsmaßnahmen für gering entwickelte Länder begründen zu können.

So erstellt die UN eine Liste aller Länder der Erde vom höchsten bis zum niedrigsten HDI-Wert.

Dabei werden die Länder nach drei Kategorien eingeteilt: Länder mit hoher, mittlerer und niedriger menschlicher Entwicklung.
Es ist zu berücksichtigen, dass es sich jeweils um Durchschnittswerte handelt. Das bedeutet, innerhalb der Länder existieren Unterschiede im Lebensstandard zwischen einzelnen Bevölkerungsgruppen.

Aufgaben

1 **Beschreibe die Bedeutung des HDI.**

2 **Nenne Merkmale, die bei der Berechnung des HDI-Wertes berücksichtigt werden.**

3 **Nenne zwei Länder mit hohem und zwei Länder mit niedrigem HDI.**

Info

HDI

Der HDI (Human Development Index) ist ein Wert, der zwischen 0,0 und 1,0 liegt. Der HDI berücksichtig vor allem
- die Lebenserwartung der Menschen
- die Analphabeten- und Schulbesuchsquote der Bevölkerung
- das Bruttoinlandsprodukt pro Kopf.

Entwicklungszusammenarbeit

Brot für die Welt – Ein Stück Gerechtigkeit
www.brot-fuer-die-welt.de

caritas
www.caritas.de

HUMAN HELP NETWORK – Die Kinderhilfsorganisation
www.hhn.org

MISEREOR – DAS HILFSWERK
www.misereor.de

terre des hommes – Hilfe für Kinder in Not
www.tdh.de

unicef
www.unicef.de

Deutsche Stiftung Weltbevölkerung
www.dsw-online.de

welt hunger hilfe
www.welthungerhilfe.de

M3 Große Hilfsorganisationen informieren über ihre Arbeit und bieten zahlreiche Projekte und Möglichkeiten zum Engagement an. Regelmäßig wird überprüft, wofür und wann die Spendengelder ausgegeben wurden und ob nicht zu viel Geld für Verwaltung und Werbung verwendet wird.

Blumen, die helfen ...

Neben den großen Hilfsorganisationen (M3) engagieren sich auch kleinere Organisationen im Rahmen der Entwicklungszusammenarbeit. So betreut die „Aktion Peruhilfe e.V." verschiedene Projekte. Zum Beispiel werden in einem Armenviertel am Rand von Lima Schulen, Kindergärten und Heime für Straßenkinder unterstützt. Die Mittel für ihre Hilfsmaßnahmen erhält die Peruhilfe durch Spenden, Mitgliedsbeiträge, den Verkauf von peruanischen Waren und durch die Mithilfe von deutschen Schulklassen. Einen großen Anteil hat hierbei die deutsche Aktion „Tulpen für Brot". Das System ist einfach: Schülerinnen und Schüler bekommen im Herbst Tulpenzwiebeln geschenkt. Sie verpflichten sich, die daraus im Frühjahr wachsenden Tulpen zu verkaufen.

M4 Entwicklungswege

www.aktionperuhilfe.de

Info

Entwicklungszusammenarbeit

Hilfen, die von den reichen Ländern der Erde in die armen Länder gehen, werden Entwicklungszusammenarbeit genannt. Früher sprach man auch von Entwicklungshilfe. Der Begriff Entwicklungszusammenarbeit soll dagegen verdeutlichen, dass eine Entwicklung nur durch gemeinsame Anstrengungen erfolgen kann. Die Menschen in den armen Ländern sollen befähigt werden, einmal begonnene Projekte selbstständig weiterzuführen und ähnliche Projekte selbst zu organisieren.

Aufgaben

4 **Beschreibe die Ziele der Entwicklungszusammenarbeit.**

5 **Informiere dich über eine Hilfsorganisation (M3).**

6 **Diskutiert, wie ihr euch für ein Miteinander in der „Einen Welt" einsetzen könnt.**

fächerübergreifend

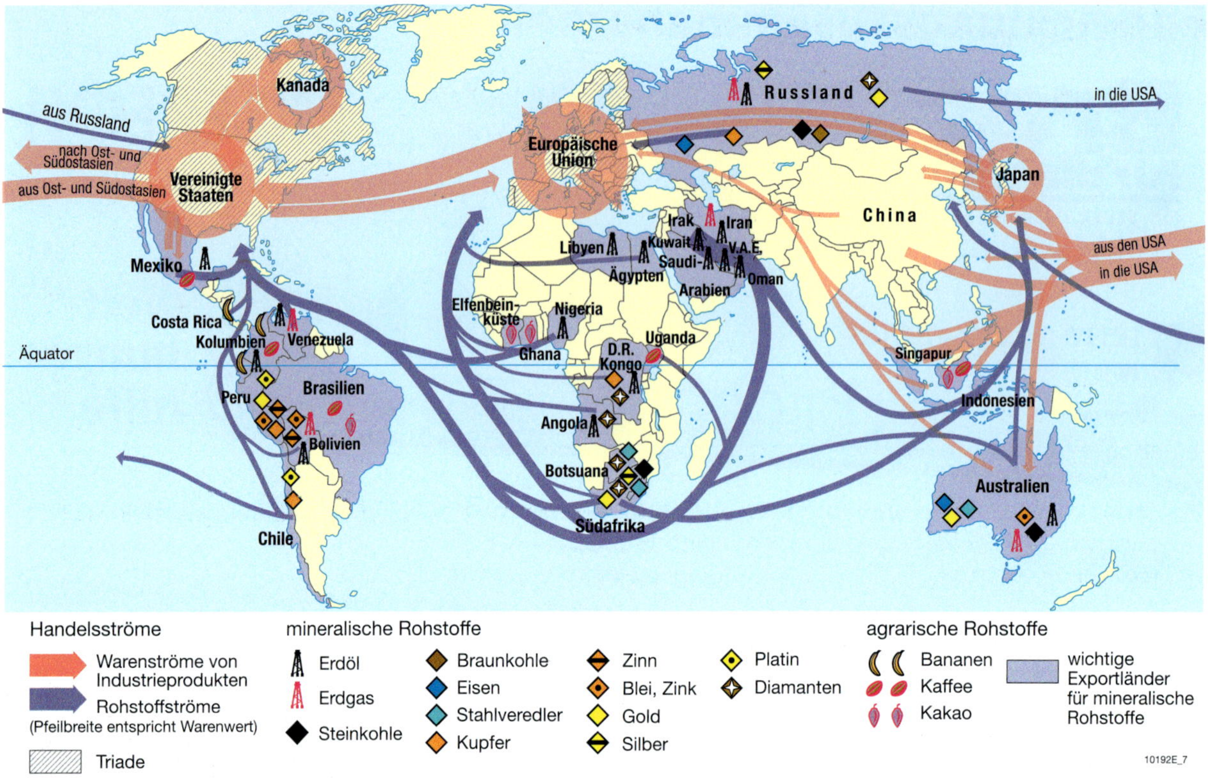

M1 Zentren und Peripherien

Zentren und Peripherien

Die weltwirtschaftliche Macht konzentriert sich auf wenige Schwerpunkträume. Die Zentren der Weltwirtschaft bilden die USA und Kanada, die Europäische Union, Ostasien (Japan, China, Südkorea, Taiwan) sowie Singapur in Südostasien. Zusammen werden sie als Triade (griech.: Dreizahl, Dreiheit) bezeichnet. Diese Schwerpunkträume sind bedeutende Finanz- und Verwaltungszentren in der Welt. Zwischen ihnen fließen auch die großen Welthandelsströme.
Neben den Zentren der Weltwirtschaft werden periphere Räume (lat.: peripher = randlich) ausgegliedert. Zu den Peripherien gehören zahlreiche Entwicklungsländer. Sie sind Rohstoffproduzenten oder stellen arbeitsintensive Industriegüter her. Einige ehemals periphere Staaten sind zunehmend in die Verflechtungen der Triade einbezogen. Hierzu zählen zum Beispiel die Schwellenländer und die Erdöl exportierenden Entwicklungsländer.
Obwohl es keine eindeutige Definition für den Begriff Schwellenländer gibt, gelten als wichtige Kennzeichen der Industrialisierungsgrad, der Export von Fertigwaren und überdurchschnittliche Wachstumsraten der Wirtschaft. Schwellenländer weisen nicht mehr die typischen Merkmale von Entwicklungsländern auf. Sie stehen an der „Schwelle" zu den Industrieländern.

Aufgaben

1. **Nenne die Zentren der Weltwirtschaft und beschreibe ihre Lage.**
2. **Begründe, weshalb die Entwicklungsländer zu den Peripherien gehören.**
3. **Beschreibe am Beispiel Brasiliens, dass auch innerhalb von Ländern räumliche Disparitäten bestehen.**
4. **Ermittle Zentren und Peripherien innerhalb Sachsen-Anhalts. Beschreibe ihre Lage.**

Räumliche Gegensätze – das Beispiel Brasilien

Ungleichheiten oder Disparitäten kommen nicht nur auf globaler Ebene vor, sondern auch innerhalb von Kontinenten, Ländern oder Städten.
Brasilien gehört zu den Schwellenländern mit ausgeprägten Disparitäten.
Der Süden und Südosten sind dicht besiedelt und industriell hoch entwickelt. Hier breiten sich große Städteballungen aus. São Paulo, Belo Horizonte und Rio de Janeiro sind Wirtschaftszentren mit großen Gegensätzen zwischen Reich und Arm.

Der Norden wird vom Amazonastiefland mit tropischen Regenwäldern und reichen Ressourcen eingenommen. Er ist dünn besiedelt.
Der Mittelwesten ist das Übergangsgebiet in die Feuchtsavannen. Er wird zur Viehzucht genutzt.
Der Nordosten ist die ärmste Region Brasiliens. Die Trockensavannen werden überwiegend landwirtschaftlich genutzt, die Besitzstrukturen sind veraltet. Viele Bewohner wandern in die großen Städte ab.

M2 Die Großregionen Brasiliens

Zentren verändern sich – wechselnde Hauptstädte

Salvador de Bahia

- Hauptstadt der portugiesischen Kolonie ab 1549
- Umschlaghafen für Tropenholz, Kakao, Rohrzucker
- hoher Anteil an dunkelhäutiger Bevölkerung (ehemalige Sklaven aus Afrika)
- Verringerung der wirtschaftlichen Bedeutung des Nordostens im 17. Jahrhundert

Rio de Janeiro

- von 1763 bis 1960 Hauptstadt Brasiliens
- Verlagerung des wirtschaftlichen Schwerpunktes vom Nordosten in den Südosten
- Zentrum der Wirtschaft, Politik und Kultur
- Umschlagplatz für im Brasilianischen Bergland geförderte Bodenschätze (Gold, Diamanten)

Brasília

- seit 1960 Hauptstadt Brasiliens und Regierungssitz
- liegt im Mittelwesten im Savannengebiet in über 1 000 Metern Höhe
- soll die Entwicklung des Landesinneren fördern
- ist eine geplante Stadt mit dem Grundriss in der Form eines Flugzeuges

Indische Version der Quizshow „Wer wird Millionär?"

Touristen in Luxor/Ägypten

Internet-Café in Port Sudan/Sudan

M1 Beispiele für Globalisierung

Globalisierung – die Welt rückt zusammen

Info

Globalisierung

Der Begriff beschreibt den weltweiten Prozess, bei dem sich vielfältige grenzüberschreitende Einflüsse und Beziehungen verstärken. Sie umfassen:

- Wirtschaftsbeziehungen (z. B. Handel mit Industriegütern, Rohstoffen, Dienstleistungen)
- Kommunikation (z. B. Internet-, Telefon- und Satellitenverbindungen)
- politische Verflechtungen (z. B. internationale Organisationen wie UNICEF, Rotes Kreuz)
- kulturelle Verflechtungen (z. B. Musik, Fastfood, Mode)
- Umwelt (z. B. Klimakonferenz)

Wir essen Bananen aus Honduras. In Deutschland fahren Autos „Made in Japan". Die Ferien verbringt man im Zeltlager in Italien. Dort kann man amerikanische Musik mit einem MP3-Player aus China hören. Jeder von uns erlebt, wie die Menschen auf der Erde zusammenrücken und Distanzen eine immer geringere Rolle spielen.
Internationale Beziehungen gibt es schon lange, spätestens seit den großen Entdeckern wie Marco Polo (1254 – 1324) oder Christoph Kolumbus (1451 – 1506).

Von Globalisierung spricht man verstärkt erst seit etwa 1990.

Politische Umwälzungen und technologische Neuerungen (z. B. Internet) brachten weltweit einen massiven Umbruch in der Wirtschaft und im Leben der Menschen. Es gab Fortschritte in der Transporttechnik, zum Beispiel größere, schnellere und billigere Schiffe. Arbeitsplätze wurden plötzlich überflüssig oder entstanden neu.

Informationen, Wissen oder Firmenaufträge werden seither in rasender Geschwindigkeit um die Welt geschickt.
Von der Globalisierung ist jeder Einzelne betroffen. Dafür sorgen zum Beispiel Fernsehgeräte, Computer und Handys.

Aufgaben

1 **Erläutere den Begriff Globalisierung an einem Beispiel.**

2 **Berichte über die Bedeutung von global agierenden Unternehmen (Global Player).**

3 **Erkläre, welche Vor- oder Nachteile ein Entwicklungsland durch Global Player hat.**

Weltkonzerne – Akteure der Globalisierung

Was haben H&M, Nike, BMW, Nestlé, Coca Cola, McDonald's, Sony, Nokia und Ikea gemeinsam? Sie zählen zu den rund 50 000 sogenannten Global Playern, die überall auf der Welt Produktionsstätten haben. Sie beliefern die Weltmärkte und sind somit von globaler Bedeutung. Global Player nehmen Einfluss auf die wirtschaftliche Entwicklung und die Konsumgewohnheiten der Menschen in allen Teilen der Welt. Sie sind die Gewinner der Globalisierung.

Die Unternehmen regeln ihre weltweite Produktion und ihren Handel in einer Art globaler Arbeitsteilung. Für die Standortwahl sind verschiedene Faktoren ausschlaggebend: preiswerte Rohstoffe, billige Arbeitskräfte und günstige Kosten für Energie und Telekommunikation. Auch eine optimale Zulieferung, Steuervorteile und die Nähe zu möglichst großen, kaufkräftigen Absatzmärkten gehören dazu.

M2 Näherinnen von Sportartikeln in Vietnam verdienen oft nicht mehr als 70 € im Monat.

Info

„Karawanenwirtschaft"

Wenn für einen Konzern die Produktion an einem Standort zu teuer geworden ist, verlagert er sie an einen anderen. So lässt zum Beispiel Nike Teile seiner Produktion nicht mehr in Vietnam fertigen, sondern im angrenzenden Kambodscha, wo die Löhne noch niedriger sind. Nokia schloss 2008 die Handy-Produktion in Bochum und gründete wegen der geringeren Lohnkosten ein Werk in Rumänien. Das bringt dem Unternehmen größere Profite. Dem alten Standort aber werden Arbeitsplätze, Wirtschaftskraft und Steuern entzogen.

Unternehmen (Branche)	Hauptsitz	Umsatz in Mrd. US-$
Royal Dutch Shell (Energie)	NL	458
Exxon Mobil (Energie)	USA	443
Wal-Mart (Einzelhandel)	USA	406
BP (Energie)	UK	367
Chevron (Energie)	USA	263
Total (Energie)	F	235
Conoco Phillips (Energie)	USA	231
ING Group (Finanzdienstleister)	NL	227
Sinopec (Energie)	C	208
Toyota Motor (Automobile)	J	204

M3 Die zehn umsatzstärksten Unternehmen der Welt (2009)

M4 Länder, die Produkte des Sportartikelkonzerns Nike herstellen (Januar 2009)

Globalisierung hautnah

Zahnbürsten und Jeans aus aller Welt

Für Kinder und Jugendliche gibt es in den Geschäften ein großes Warenangebot: von Zahnbürsten über Handys bis hin zu Jeans und Sportschuhen. Ob die Ware gekauft wird, bestimmen Preis, Vorlieben, Qualität und auch Fragen wie: Sind gesundheitsschädliche Stoffe im Material?

Obwohl wir täglich damit umgehen, machen wir uns kaum Gedanken, wie und wo ein Produkt hergestellt wird. Bei vielen Waren können wir auf dem Etikett einen Ländernamen lesen. So sind MP3-Player oder Zahnbürsten oft „Made in China" und Jeans „Made in Indonesia". Das ist nicht korrekt, denn die Jeans stammen nicht ausschließlich aus Indonesien, sondern sie haben bis zum Verkauf einen langen Weg durch viele Länder hinter sich (M2). Die Herstellung einer Jeans zeigt, dass die Textilindustrie ein Musterbeispiel für die Globalisierung von Industrien ist.
Die Herstellung in allen Teilen der Welt vernetzt die Wirtschaft dieser Länder und sorgt damit für die Zunahme des Welthandels.

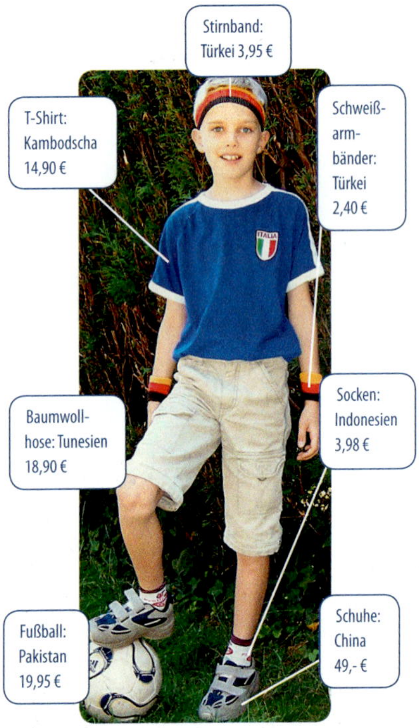

M1 Hobbyfußballer Jan – international ausgerüstet

Aufgaben

1 **Beschreibe die „Weltreise" einer Markenjeans.**

2 **Ermittle von fünf deiner Kleidungsstücke das Herkunftsland. Vergleiche mit M1.**

3 **Weise nach, dass VW und McDonald's global agierende Unternehmen sind.**

Arbeitsheft

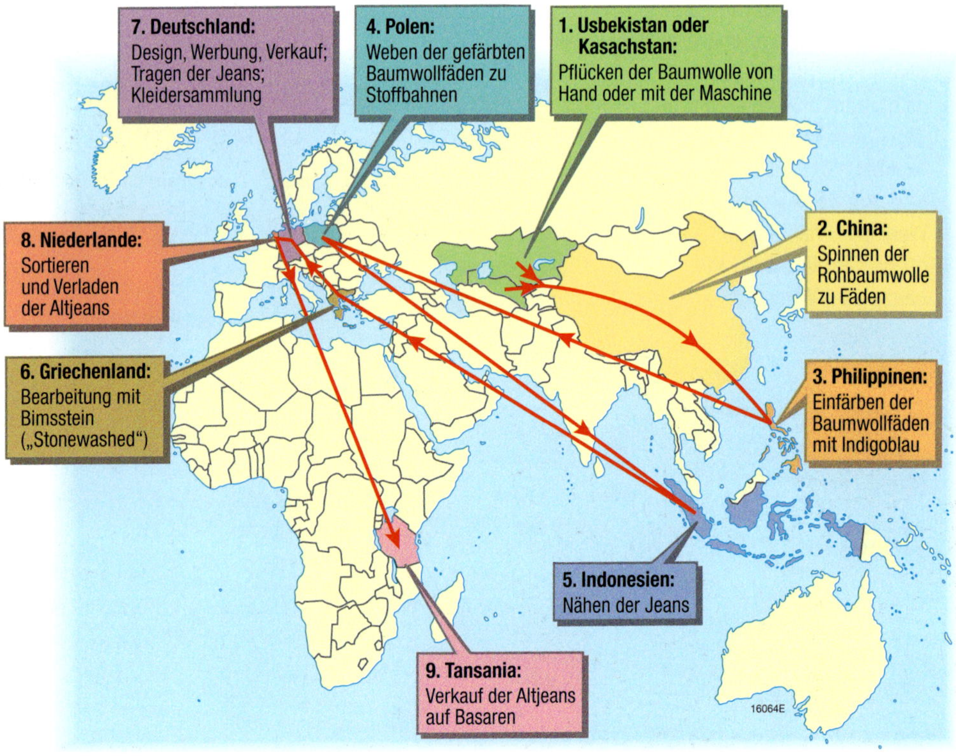

M2 Weltreise einer Markenjeans in neun Etappen (ca. 60 000 km)

Haus-wirt-schaft

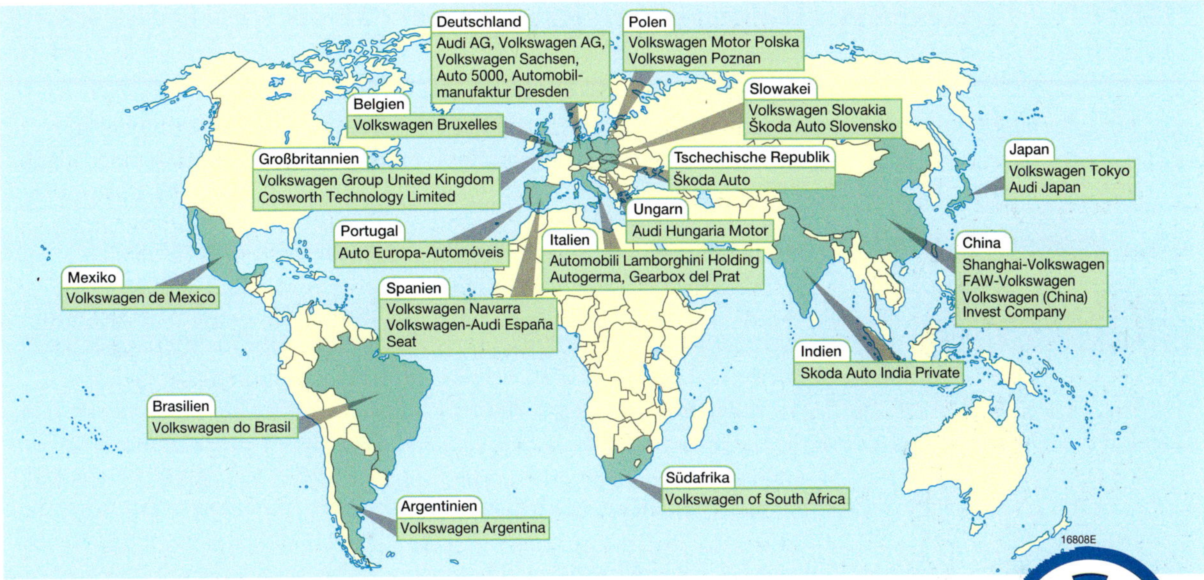

M3 Weltweite Produktionsstandorte des Volkswagen-Konzerns

Global Player VW

Als Global Player ist Volkswagen in allen wichtigen Märkten vertreten. Der Konzern deckt eine Produktpalette ab, die vom Kleinwagen über Luxusklasse, Van, Transporter bis zum Geländewagen reicht. Gefertigt werden die Fahrzeuge an mehr als 40 Produktionsstandorten weltweit. Damit verbunden sind neue Herausforderungen an internationale Zusammenarbeit, Wissensmanagement und das Arbeiten in vernetzten Strukturen. Gefragt sind Führungskräfte sowie Expertinnen und Experten, die weltoffen sind und über internationale Erfahrung verfügen.

In einem VW-Werk in Indien

McDonald's Filiale in Seoul

Eine Welt – eine Soße

Mit Ausnahme von Antarktika gibt es keinen Kontinent, auf dem McDonald's nicht vertreten ist. Weltweit gibt es über 32 000 Restaurants in insgesamt 118 Staaten. McDonald's ist mit 58 Millionen Kunden am Tag (2008) die größte Fast-Food-Kette der Welt. Viele Menschen scheinen sich also in dieser „McWorld-Kultur" wohlzufühlen. Andere sprechen dagegen von einer „McDonaldisierung" der Esskultur weltweit und kritisieren das Wachstum des Unternehmens. Zweifelsfrei ist McDonald's die umsatzstärkste Fastfood-Kette der Welt.

Regionalisierung ergänzt Globalisierung

Aufgaben

1 **Vergleiche Globalisierung und Regionalisierung.**

2 **Informiere dich über zwei Wirtschaftsbündnisse. Nutze dazu M1, M2 und das Internet.**

Die Globalisierung zeigt sich auf wirtschaftlichem, politischem, ökologischem und kulturellem Gebiet. Sie führt, wie du erfahren hast, zum Beispiel in wirtschaftlicher Hinsicht zur Zunahme von internationalen Handelsströmen, zur weltweiten Verzahnung von Unternehmen und Produktionsketten. In deinem Alltag ist die Globalisierung allgegenwärtig.

Regionalisierung dagegen bezieht sich auf einen ganz spezifischen geographischen Raum und beschreibt die Zunahme von wirtschaftlichen Verflechtungen darin.

Besonders in den 1950er- und 1960er-Jahren entstanden zahlreiche regionale Wirtschaftsbündnisse. Das bekannteste Beispiel ist die Gründung der Europäischen Wirtschaftsgemeinschaft (EWG, heute EU) in Westeuropa. Inzwischen existiert auf fast allen Kontinenten mindestens ein regionales Bündnis, wobei neben der EU die NAFTA und die ASEAN zu den bekanntesten zählen.

Ein Grundstein der vertieften wirtschaftlichen Zusammenarbeit ist der Wegfall der Zölle durch Bildung von Freihandelszonen (Info-Box S. 19).

Die „Pan-Euro-Med Freihandelszone“

Zwischen der Europäischen Union, den EFTA-Staaten und Staaten im Mittelmeerraum wird eine große Freihandelszone geschaffen. Sie umfasst folgende Handelspartner: die EU-Staaten, Ägypten, Algerien, Faröer Inseln, Island, Jordanien, Libanon, Marokko, Norwegen, Schweiz, Liechtenstein, Syrien, Tunesien, Türkei, Westjordanland und Gazastreifen. Die Schaffung der „Pan-Euro Med“ soll zu einem zollfreien Handelsraum führen. Maßgeblich für den Freihandel ist, dass die Erzeugnisse ihren Ursprung in einem der beteiligten Länder haben.

(Nach: Die Pan-Euro-Med. www.rhein-neckar.ihk24.de vom 12.04.2010)

Free Trade Area (CAFTA)

Die zum 1. Januar 2010 entstandene Freihandelszone zwischen China und den zehn ASEAN-Staaten ist – gemessen an der Bevölkerungszahl – die größte der Welt. Gemessen an der Wirtschaftsleistung ist sie die drittgrößte nach der EU und der NAFTA (M2, S. 19). Die Vorteile der Freihandelszone liegen auf beiden Seiten: Für China ist insbesondere der Zugang zu den Rohstoffen seiner Nachbarregionen interessant.

Des Weiteren hofft das Land auf einen noch größeren Absatzmarkt. Umgekehrt möchten die meisten ASEAN-Staaten sicherstellen, dass sie als Lieferanten für das wachsende China an Gewicht gewinnen.

(Nach: Neuer Wirtschaftsblock. www.hannover.ihk.de vom 12.04.2010)

M1 Neues Wirtschaftsbündnis

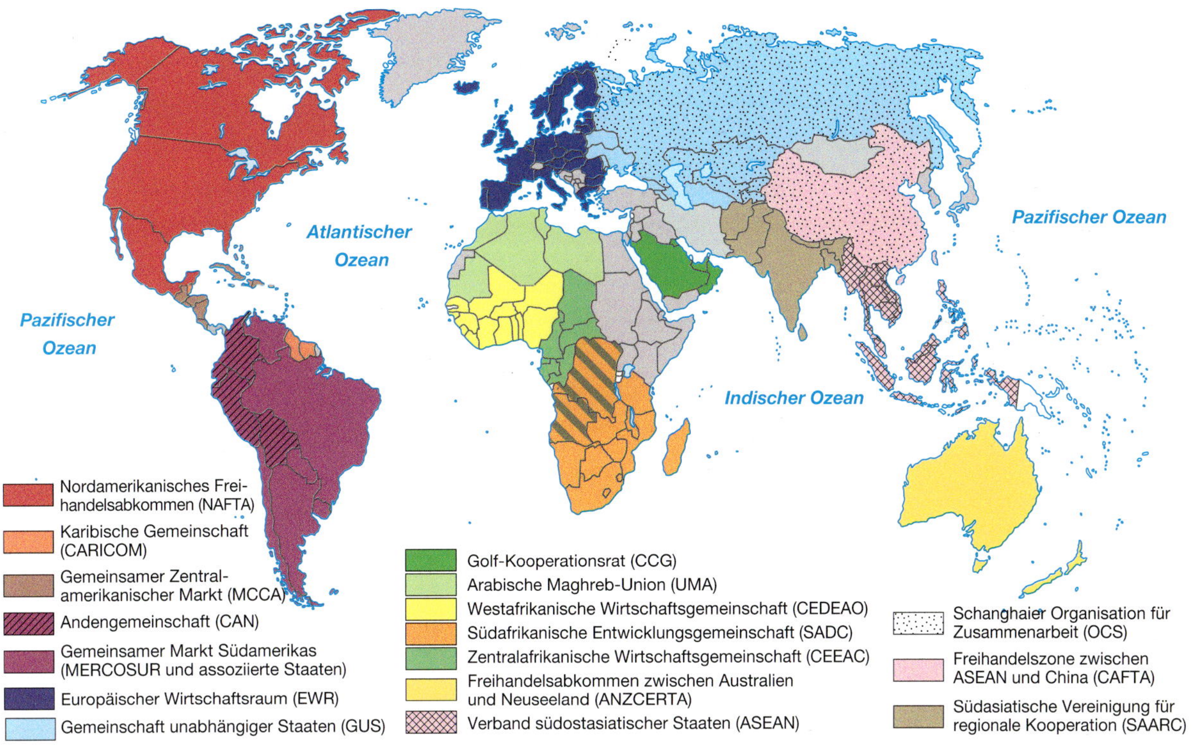

M2 Wirtschaftsbündnisse (2010)

nach / von	Nord-amerika	Süd-amerika	Europa	GUS	Afrika	Naher Osten	Asien
Nord-amerika	49,8	8,1	18,1	0,8	1,7	3	18,4
Süd-amerika	28,2	26,5	20,2	1,5	2,8	2	16,8
Europa	7,4	1,5	72,8	3,7	2,9	2,9	7,5
GUS	5,1	1,4	57,7	19,2	1,5	3,6	10,9
Afrika	21,8	3,3	39,1	0,3	9,6	2,5	20,4
Naher Osten	11,4	0,7	12,3	0,7	3,6	12	55,7
Asien	17,8	2,9	18,4	2,5	2,8	4,5	50,1

(Quelle: WTO, www.wto.org)

M3 Anteil der regionalen Handelsströme am gesamten Warenexport der Regionen (in Prozent; 2008)

Aufgaben

3 **Nenne vier Wirtschaftsbündnisse aus unterschiedlichen Teilen der Erde mit jeweils zwei Mitgliedsstaaten (M2).**

4 **Begründe, weshalb Freihandelsabkommen den Warenaustausch innerhalb von Regionen begünstigen (Info-Box).**

5 **Werte M3 aus. Nenne die jeweiligen Haupthandelsregionen und Ursachen dafür.**

Info

Freihandelszone (Free-Trade-Area)

Darunter versteht man ein Gebiet, in dem mindestens zwei Länder den Abbau von Handelsbeschränkungen vereinbart haben. Sie erheben untereinander keine Zölle. Zwischen ihnen ist ein mengenmäßig unbegrenzter Warenaustausch möglich. Beispiele für Freihandelszonen sind die EFTA, NAFTA, CAFTA, MERCOSUR und die APEC.

Eine Karikatur auswerten

Info

Karikatur

Ihr Ziel ist es, gesellschaftliche und wirtschaftliche Zustände, Ereignisse und Personen dem Spott auszusetzen, um sie auf diese Weise zu kritisieren.
Als Stilmittel setzt der Karikaturist die Übertreibung ein. Dabei führt er komplizierte Zusammenhänge auf ein Kernproblem zurück. Der Betrachter muss die Übertreibung erkennen und die Darstellung in die Wirklichkeit übertragen. Dabei bildet er sich ein Urteil und eine eigene kritische Meinung.

Aufgabe

1 **Werte die Karikaturen aus. Nutze dazu die Schrittfolge.**

So gehst du vor

1. **Beschreibung**
   - Beschreibe den dargestellten Sachverhalt, achte auf Personen, Gegenstände und Handlungen sowie auf Gestaltungsmittel (Zeichnung, Text, gegebenenfalls Bildunterschrift).
2. **Erklärung**
   - Erkläre, wen oder was die Personen, Gegenstände oder Handlungen darstellen bzw. symbolisieren sollen.
3. **Wertung**
   - Lege dar, welche Personen, Handlungen oder Zustände aufgegriffen werden und was der Karikaturist aussagen und bewirken will.
   - Prüfe, ob die kritische Sicht berechtigt und aktuell ist oder ob sie Fehler (z. B. unzulässige Verallgemeinerungen) enthält.
   - Stelle dar, wie die Karikatur auf dich wirkt und welche Gedanken sie bei dir hervorruft.

M1 „Ich gebe dir erst mal Geld für ein neues Pferd."

M2 „Toll Anna: Wir faulenzen hier und helfen anderen dabei, sich zu entwickeln."

Gewusst – gekonnt

ALLES KLAR

1 Übertrage das Rätsel in dein Heft und löse es.

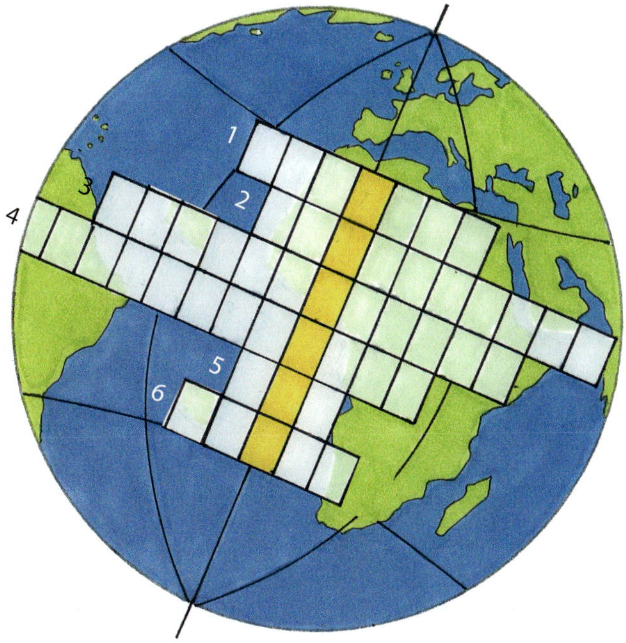

1. wirtschaftlicher Kernraum
2. Randgebiet
3. Ungleichheiten
4. global agierendes Unternehmen
5. Index zum Entwicklungsstand von Ländern
6. asiatisches Wirtschaftsbündnis

Lösung

____

2 Lies den Text und erläutere den Begriff Globalisierung.

Ein Chip geht um die Welt

Die Airbags in einem Auto werden durch einen Computerchip gesteuert. Solche Chips werden in Boston (USA) produziert, dann zum Testen auf die Philippinen geschickt und von dort weiter nach Taiwan, wo sie verpackt werden. Von Taiwan werden die Chips per Flugzeug nach Deutschland transportiert, wo sie in die Autos der Firma BMW eingebaut werden. Die Autos werden nach Brasilien exportiert, wo zum Beispiel eine Firma mehrere BMWs als Geschäftswagen kauft.
Ein Facharbeiter in Boston arbeitet also mit einem unausgebildeten Arbeiter auf den Philippinen zusammen und der wiederum mit einem halbausgebildeten Arbeiter auf Taiwan. Und sie alle arbeiten mit einer hoch bezahlten Arbeitskraft in den BMW-Werken zusammen. Alle arbeiten für einen Chip, der 50 Dollar kostet, und alle sind abhängig vom brasilianischen Absatzmarkt.

Arbeitsheft

- räumliche Disparitäten auf der Erde beschreiben und Länder der Erde unter Nutzung von Indikatoren nach ihrem Entwicklungsstand ordnen,
- die Globalisierung als Prozess der weltweiten Verflechtung erläutern,
- die Regionalisierung am Beispiel von Wirtschaftsbündnissen aufzeigen.

Du kannst dabei folgende Fachbegriffe anwenden:
Disparitäten, Globalisierung

Doppelkontinent Amerika

Der Panamákanal

- verbindet den Atlantischen Ozean mit dem Pazifischen Ozean
- Inbetriebnahme: 1914, Erbauer: USA, Verwalter: bis 1999 USA, ab 2000 Panamá
- Länge: 81,6 Kilometer, Breite: 150 bis 300 Meter, Überwindung des Höhenunterschiedes von 26 Metern durch drei Schleusen
- Durchfahrtsdauer: rund 15 Stunden
- nach dem Suezkanal wichtigster Schifffahrtsweg der Welt
- Abwicklung von etwa fünf Prozent des Welthandels

Amerika – ein Überblick 24

Naturräumliche Ausstattung Nord- und Südamerikas 28

Daten vergleichen 36 METHODE

Wirtschaftsstrukturen amerikanischer Staaten 37

- Kanada 38
- Mexiko 40
- Brasilien 42
- Andenländer 44

Siedlungsstrukturen Nord- und Südamerikas 46

Eine thematische Karte anfertigen 52 METHODE

Gewusst – gekonnt 53 ALLES KLAR

- natur- und kulturräumliche Merkmale des Doppelkontinents vergleichen,
- die Wirtschaftsstruktur amerikanischer Staaten vergleichen und diese kartographisch darstellen,
- die Verteilung großer Städte und den zunehmenden Verstädterungsgrad beschreiben.

M1 Durchfahrt durch den Panamákanal

Amerika – ein Überblick

M1 Gliederung Amerikas

M2 Stadtlandschaft – Blick auf Toronto

Räumliche Gegensätze

Der Doppelkontinent Amerika bietet ein Bild voller Kontraste. Vieles wirkt in Amerika gigantisch. Hierzu gehören eindrucksvolle Hochgebirgslandschaften mit gewaltigen Vulkanen, ausgedehnte Tieflandsgebiete und Flüsse, die zu den längsten in der Welt zählen.

Mehr als 30 Länder liegen auf dem Doppelkontinent Amerika. Unter ihnen gibt es „Riesen" und „Zwerge". Kontrastreich sind auch die wirtschaftlichen, sozialen und kulturellen Gegebenheiten zwischen den Ländern Nord- und Südamerikas sowie innerhalb der einzelnen Länder des Doppelkontinents.

Aufgaben

1 **Erläutere die verschiedenen Gliederungsmöglichkeiten des Doppelkontinents (M1).**

2 **Vergleiche den Doppelkontinent Amerika hinsichtlich seiner Lage im Gradnetz mit anderen Kontinenten.**

Arbeitsheft

M3 Indiomarkt in Peru

M4 Kap Hoorn – der südlichste Zipfel Südamerikas

Info

Räumlich-geographischer Vergleich

Darunter versteht man die Untersuchung von mindestens zwei Räumen der Erde oder auch von Objekten bzw. geographischen Erscheinungen. Herauszuarbeiten sind dabei jeweils die Gemeinsamkeiten bzw. Ähnlichkeiten sowie Unterschiede.

Lage und Gliederung

Der Doppelkontinent Amerika prägt das Bild der westlichen Halbkugel unseres Planeten. Er erstreckt sich von Nord nach Süd über rund 15 000 Kilometer und ist somit der Kontinent mit der größten Nord-Süd-Ausdehnung. Nordamerika ist wie Eurasien stark gegliedert. Die zahlreichen Inseln (Grönland, Baffin-Insel, Große und Kleine Antillen, Neufundland) und Halbinseln machen fast ein Viertel der Gesamtfläche aus. Dadurch besitzt vor allem der nordamerikanische Kontinent einen langen Küstenverlauf. Am ausgeprägtesten ist die Gliederung im kaum erschlossenen arktischen Bereich. Südamerika ist dagegen bis auf den Südwesten wenig gegliedert.

Aufgabe

3 Vergleiche die Kulturmerkmale Anglo- und Lateinamerikas.

Kulturmerkmale im Vergleich

Merkmale	Angloamerika	Lateinamerika
Religionen	Christentum dominierend, sowohl Katholizismus als auch Protestantismus, Vielzahl anderer Religionen	Christentum dominierend, hier Katholizismus, Naturreligionen
Sprachen	überwiegend einheitliches Sprachgebiet, Englisch dominierend, Französisch in einigen Teilen Kanadas, Spanisch im Süden und Westen der USA	vorherrschend Spanisch und Portugiesisch, Indianersprachen
Bevölkerung	Weiße als Nachfahren europäischer Einwanderer, Schwarze, Hispanics, Asiaten, Indianer	Weiße (Kreolen) als Nachfahren der eingewanderten Spanier, Portugiesen und anderer Europäer, Indios, Schwarze, Mischlinge
Wirtschaftsform	Marktwirtschaft	Marktwirtschaft, teilweise Subsistenzwirtschaft

M5 Ausgewählte Kulturmerkmale Anglo- und Lateinamerikas

Doppelkontinent Amerika

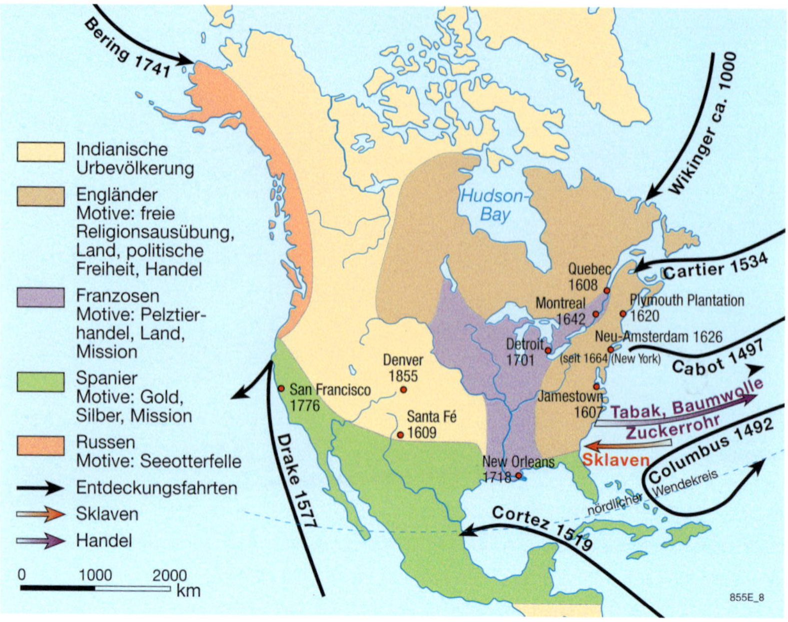

M1 Nordamerika – Entdeckung und Erschließung um 1750

Aufgaben

1 **Berichte über die Besiedlung Nordamerikas.**

2 **Erkläre, warum die Bevölkerung Nordamerikas eine multikulturelle Gesellschaft ist (M2).**

Nordamerika – Entdeckung und Besiedlung

Eine erste Besiedlung Amerikas erfolgte schon vor über 20 000 Jahren. Dort, wo heute die Beringstraße Asien und Amerika trennt, gab es damals eine Landbrücke. Über diese wanderten Jäger, Sammler und Ackerbauern aus Sibirien nach Amerika ein. Vor ungefähr 1 000 Jahren kamen dann die ersten Europäer nach Amerika. Es waren Wikinger, die von Grönland aus mit ihren Schiffen zu den Küsten Neufundlands und Neuschottlands vorstießen und sich dort zeitweise ansiedelten.

Rund 500 Jahre später war es Kolumbus, dem die Entdeckerrolle zugesprochen wurde. Bei dem Versuch, Indien auf dem Westweg zu erreichen, stieß er im Herbst 1492 auf die Mittelamerika vorgelagerten Inseln. Da Kolumbus meinte, in Indien gelandet zu sein, bezeichnete er die Bewohner der Bahamainsel San Salvador als Indianer. Näher entdeckt wurde der Kontinent erst durch den italienischen Seefahrer Amerigo Vespucci. Ihm verdankt Amerika seinen Namen.

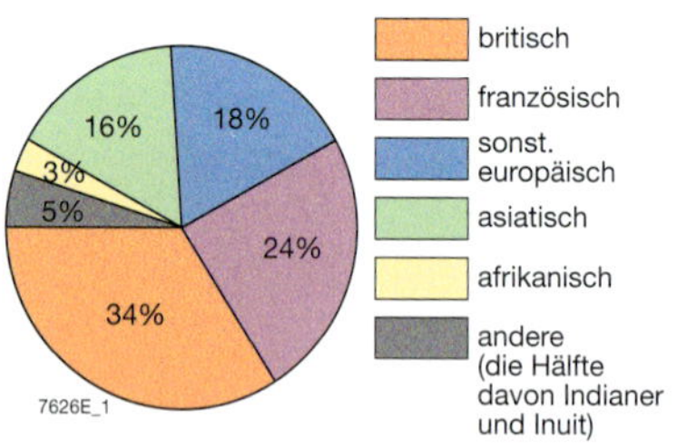

M2 Abstammung der kanadischen Bevölkerung

Ge

M3 Christoph Kolumbus (1451–1506)

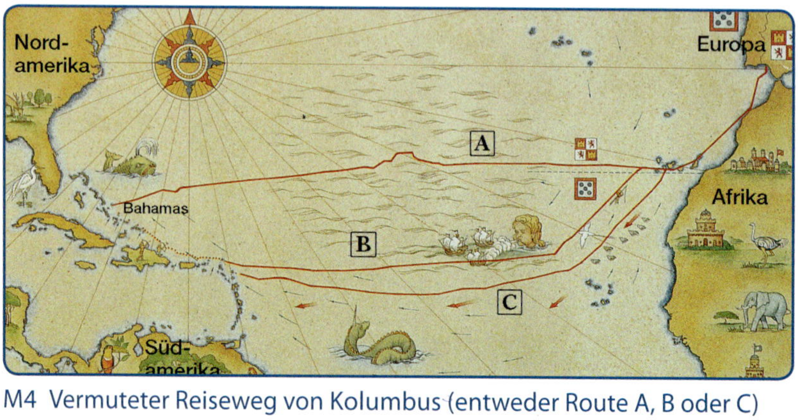

M4 Vermuteter Reiseweg von Kolumbus (entweder Route A, B oder C)

Südamerika – Besiedlung und Eroberung

Von 1799 bis 1804 bereiste der deutsche Geograph und Naturforscher Alexander von Humboldt Südamerika. Er sammelte Gesteine, umfangreiches Material zur Tier- und Pflanzenwelt, bestieg den Vulkan Chimborazo und erforschte das Leben der indianischen Bevölkerung.

Die spanischen Eroberer verfolgten keine friedlichen Absichten. Als sie im 15./16. Jahrhundert in Mittel- und Südamerika ankamen, lebten dort Völker wie die Maya, die Azteken und die Inka. Sie waren in mächtigen Reichen organisiert.

Im Zuge der Eroberung wurden die Kulturen dieser Völker weitgehend zerstört. Bereits zu Beginn der Besiedelung gründeten die Spanier zahlreiche Städte. Auch die Portugiesen begannen, um 1500 an der Ostküste Südamerikas Hafenstädte wie Salvador de Bahia zu errichten. Während die Spanier den Westen und den größten Teil des Binnenlandes Südamerikas in ihren Besitz gebracht hatten, eroberten die Portugiesen die Ostküste. In fast allen Ländern des Kontinents ist Spanisch die Amtssprache. Nur in Brasilien spricht man portugiesisch.

M5 Fußballfans in Brasilien

Plaza Mayor in Lima/Peru

Der koloniale Einfluss – bis heute erkennbar

Viele der lateinamerikanischen Städte sind von spanischer Architektur geprägt und haben einen schachbrettartigen Grundriss.
Einige Millionenstädte weisen aber auch Merkmale angloamerikanischer Städte auf.
Die in der Kolonialzeit entstandenen großen sozialen, wirtschaftlichen und räumlichen Gegensätze bestehen heute noch.
Viele Indios führen heute ein ärmliches Leben in den Slums der Städte, in ländlichen Gebieten und in den Anden. Nur wenige von ihnen, vorwiegend im Amazonastiefland, konnten ihre traditionelle Lebensweise bewahren.

Aufgaben

3 **Berichte über die Hochkulturen Mittel- und Südamerikas. Nutze deine Kenntnisse aus dem Geschichtsunterricht.**

4 **Erläutere die starken europäischen Einflüsse in Lateinamerika.**

5 **Vergleiche die Besiedlung Nordamerikas mit der Südamerikas.**

Naturräumliche Ausstattung

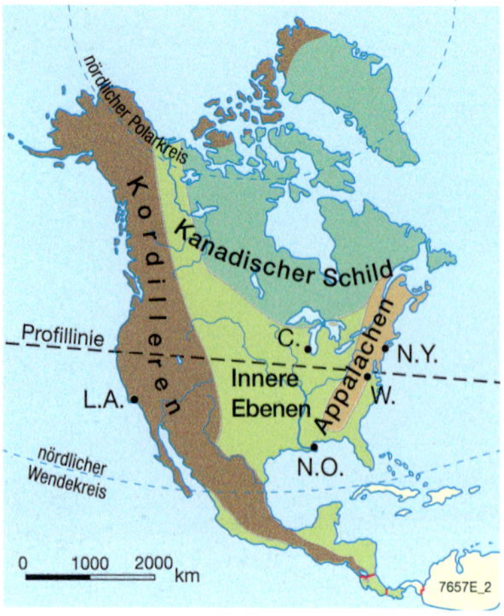

M1 Großlandschaften Nordamerikas

M2 Landschaftsprofil durch Nordamerika/USA (Profillinie in M1)

Relief und Großlandschaften Nordamerikas

Das Relief Nordamerikas weist eine einfache Gliederung auf.
Die Hochgebirge im Westen sind Teil des jungen Faltengebirgsgürtels unserer Erde.
Sie gliedern sich in mehrere Gebirgsketten, zum Beispiel in die Sierra Nevada und die Rocky Mountains. Die Faltung erfolgte in der Erdalt- und Erdmittelzeit. Ihre heutige Höhe und Anordnung verdanken sie jüngeren, von der eigentlichen Faltung unabhängigen gebirgsbildenden Bewegungen.

Zwischen den gefalteten Gebirgsketten wurden starre, alte Gesteinsschollen in die Hebung einbezogen. Sie bilden heute ausgedehnte Plateaus (zum Beispiel Coloradoplateau) und Beckenlandschaften. Die Bewegungen der Erdkruste dauern noch an. Davon zeugen tätige Vulkane, Erdbeben und Geysire. Den östlichen Rahmen Nordamerikas bildet ein Mittelgebirge, die Appalachen. Sie fallen nach Osten erst allmählich, dann steil zum Küstentiefland ab.

M3 In den Rocky Mountains in Kanada

Info

Great Salt Lake

Der Große Salzsee entstand aus dem alten Lake Bonneville, der vor ca. 20 000 bis 30 000 Jahren als Süßwassersee fast den gesamten Nordwesten des heutigen Bundesstaates Utah einnahm. Er weist eine durchschnittliche Tiefe von vier Metern sowie einen Salzgehalt von 15 bis 27 Prozent auf. Die durch die Verdunstung entstandenen Salzablagerungen werden ähnlich wie die des Toten Meeres wirtschaftlich genutzt.

Aufgaben

1 **Beschreibe das Relief Nordamerikas. Vergleiche mit Europa.**

2 **Beschreibe die Entstehung der Großlandschaften (Text).**

Arbeitsheft

ord- und Südamerikas

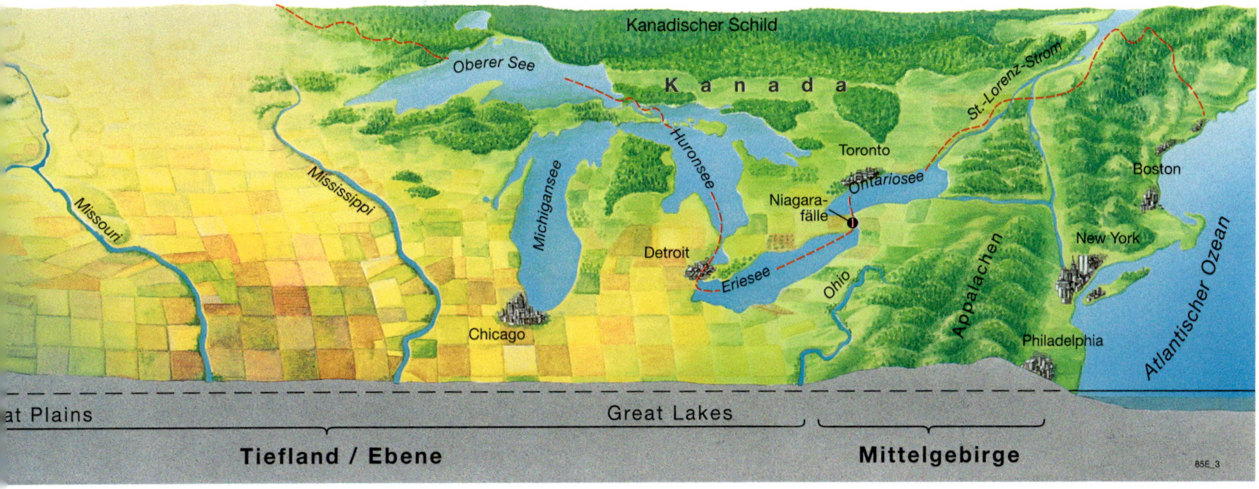

Zwischen Rocky Mountains und Appalachen dehnen sich die Inneren Ebenen (M1) aus, eine unendlich erscheinende tischebene Landschaft. Der nördliche Teil der Inneren Ebenen ist ein eiszeitliches Ablagerungsgebiet. Das Tiefland im Süden hingegen wurde durch den Mississippi und seine zahlreichen Nebenflüsse geformt. In seinem Unterlauf wälzt sich der Strom in weiten Schlingen durch die von ihm geschaffenen Aufschüttungen.

In einem weit verzweigten Delta mündet der Mississippi in den Golf von Mexiko. Jährlich wächst das Flussdelta etwa 80 Meter in den Golf von Mexiko hinaus.
Vom Arktischen Ozean bis an die Großen Seen erstreckt sich der geologisch älteste Teil Nordamerikas, der Kanadische Schild. Während des Eiszeitalters (Pleistozän) wurde diese Felslandschaft durch das Inlandeis abgeschliffen. Ähnlich wie in Skandinavien findet man dort abgerundete, glatt gehobelte Felsformen (Rundhöcker, Felswannen).

Info

Great Lakes

Die fünf Großen Seen (Great Lakes) sind der größte Süßwasserspeicher der Erde. Der Wasserspiegel der Seen liegt unterschiedlich hoch. Den Höhenunterschied zwischen Erie- und Ontariosee überwindet der Niagarafluss mit den riesigen Niagarafällen. Hier stürzen die Wassermassen etwa 50 Meter in die Tiefe.

M4 Am oberen Mississippi

M5 Niagarafälle

Doppelkontinent Amerika

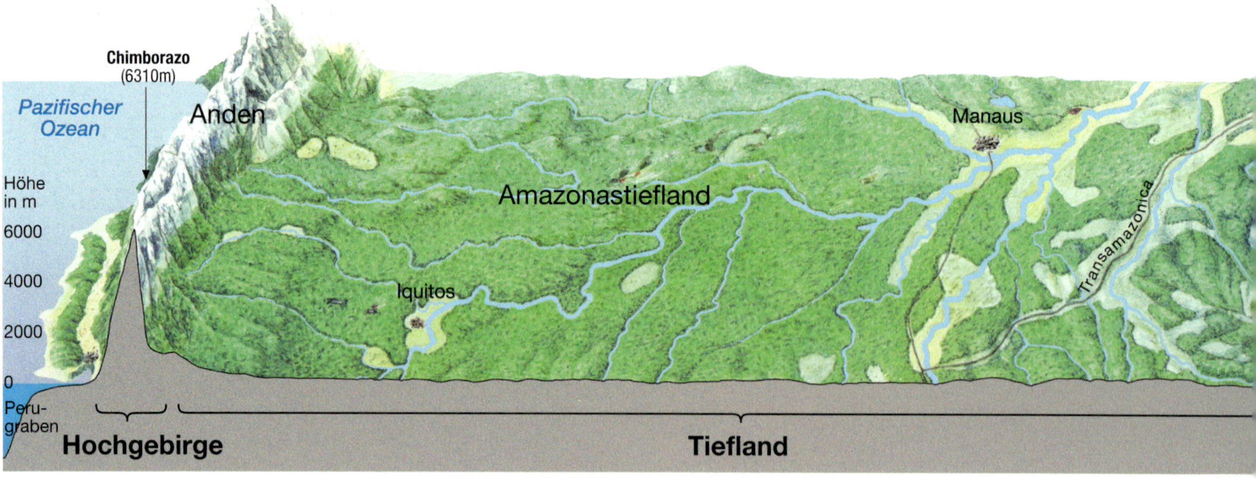

M1 Landschaftsprofil durch Südamerika (Profillinie in M2)

M2 Großlandschaften

Relief und Großlandschaften Südamerikas

Südamerika weist von West nach Ost eine ähnliche Gliederung der Oberflächengestalt wie Nordamerika auf (M1).
Parallel zur Westküste verlaufen die Kordilleren, die hier Anden genannt werden. Charakteristisch für die Anden ist der außerordentliche Steilabfall zum Pazifik, der sich untermeerisch fortsetzt.
Ebenso wie die nordamerikanischen Kordilleren bestehen die Anden aus mehreren Gebirgsketten, die abflusslose Hochbecken einschließen.
Zahlreiche Vulkane wie der Chimborazo und der Cotopaxi überragen die Ketten.
Der höchste Berg der Anden ist mit 6 960 Metern der Aconcagua. Er ist aber kein Vulkan.
Die Flüsse, die in den Anden entspringen, fließen zum Atlantischen Ozean bzw. zum Karibischen Meer.
Die Mitte und den Osten Südamerikas nehmen die großen Tiefländer des Amazonas, Orinocos und Paranás sowie ausgedehnte Bergländer mit Mittelgebirgscharakter ein.

Aufgaben

1 **Nenne Gemeinsamkeiten zwischen dem Relief Nord- und Südamerikas (Atlas).**

2 **Erläutere die Entstehung der Anden nach der Theorie der Plattentektonik (M3).**
Arbeitsheft

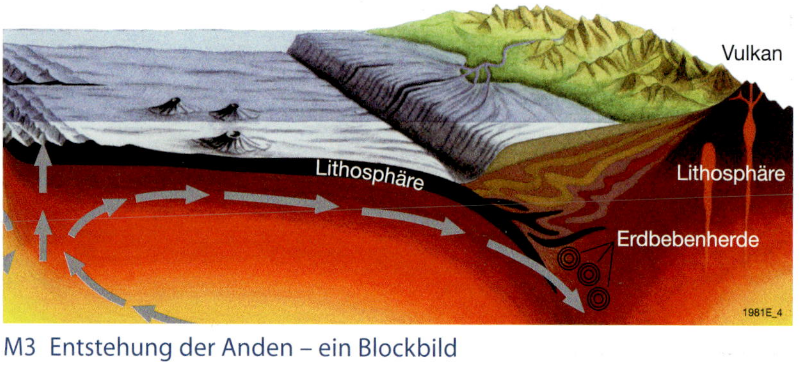

M3 Entstehung der Anden – ein Blockbild

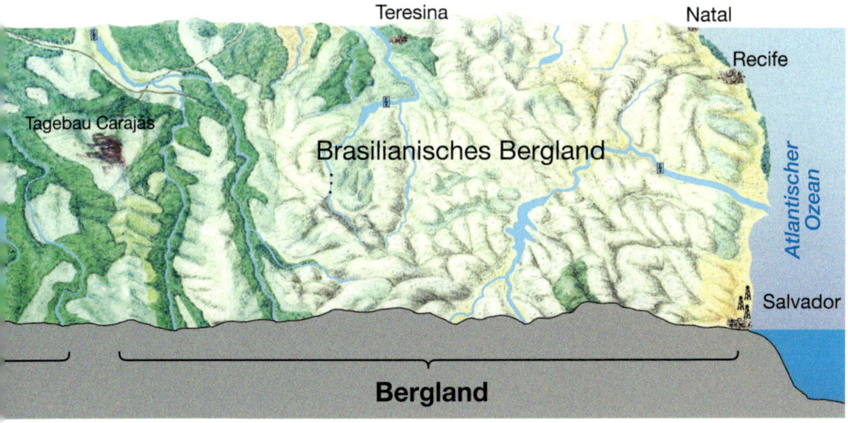

Amazonastiefland

Im Zusammenhang mit der Gebirgsbildung der Kordilleren entstand das weiträumige Becken, das vom Amazonastiefland eingenommen wird. Etwa zwei Drittel der Fläche von ca. sieben Millionen Quadratkilometern gehören zu Brasilien. Der Amazonas entwässert das Gebiet, wobei er vielfach wie eine Kette von Seen und Sümpfen erscheint. Hier breitet sich das größte zusammenhängende Regenwaldgebiet der Erde aus.

Iguaçu-Waserfälle

Brasilianisches Bergland

Das Brasilianische Bergland nimmt eine Fläche von etwa fünf Millionen Quadratkilomentern ein. Es ist somit halb so groß wie Europa. Die Gesteine des Berglandes zählen zu den ältesten der Erde und sind reich an Erzen.
Ein beeindruckendes Naturschauspiel kann im Südosten des Berglandes bewundert werden. Auf einer Breite von 2 700 Metern stürzt der Iguaçu („Großes Wasser") 75 Meter in die Tiefe.

In der Pampa

Pampa (auch Pampas)

Die Pampa, eine weite Ebene, nimmt große Teile Argentiniens ein. Ursprünglich eine baumlose Steppe (Grasland), wurde sie weitgehend kultiviert.
Der heiße Norden eignet sich weniger für eine agrarische Nutzung, der Süden dagegen ist die Kornkammer ganz Südamerikas.
Auf eingezäunten Koppeln der Pampa weiden Millionen von Rindern, aber auch die Schweine- und Schafhaltung ist verbreitet.

M1 Zerstörungen nach einem Tornado

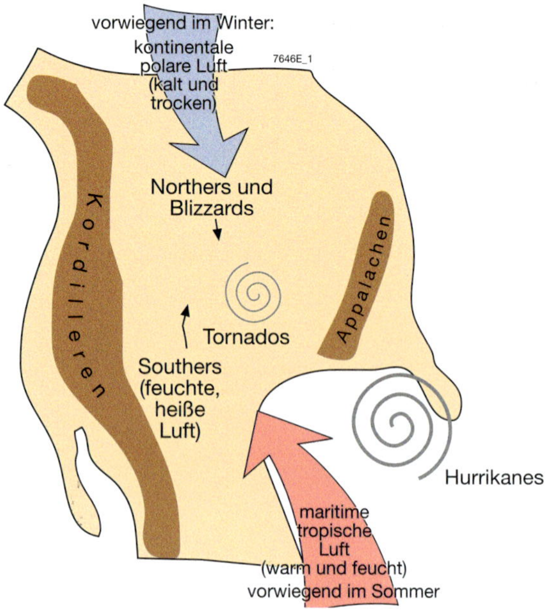

M2 Skizze: Wetter- und klimabestimmende Luftmassen in Nordamerika

M3 Sturmflut während eines Hurrikans

Nordamerika – Besonderheiten des Klimas

Ein Blick auf die Abfolge der Klimazonen in Nordamerika zeigt ein ähnliches Bild wie in Europa. Allerdings weist die gemäßigte Klimazone eine größere Kontinentalität auf. Minus 20 °C sind im Winter in Chicago nicht selten, in Sachsen-Anhalt dagegen eine Ausnahme. Weiterhin fehlen in Europa ausgesprochene Trockenräume wie in den USA zwischen der Pazifikküste und dem östlichen Vorland der Rocky Mountains.

Ursache für diese Besonderheiten ist die Reliefgestaltung. Durch die in Nord-Süd-Richtung verlaufenden Gebirgsketten wird die vom Westen kommende feuchte Meeresluft daran gehindert, in das Innere des Kontinents vorzudringen. Es fehlen Quergebirge wie in Europa, sodass feuchtwarme Luft weit nach Norden, arktische Kaltluft aber auch tief in den Süden vordringen kann. Das Aufeinandertreffen gegensätzlicher Luftmassen kann außergewöhnliche Wettererscheinungen zur Folge haben. Insbesondere können Stürme mit sehr hohen Windgeschwindigkeiten und einem gewaltigen Zerstörungspotenzial entstehen.

Aufgaben

1 **Ermittle, an welchen Klima- und Vegetationszonen Nordamerika Anteil hat. Vergleiche mit Europa (Atlas).**

2 **Erläutere den Zusammenhang zwischen Relief und Niederschlagsverteilung.**

Hurrikan „Katrina"

Ende August 2005 suchte der gewaltige Hurrikan „Katrina" die Golfküste heim und verwüstete New Orleans. Die tief gelegene Stadt wurde überschwemmt, weil die Dämme des nahe gelegenen Lake Pontchartrain brachen. Hunderte Menschen kamen in den Fluten um, Tausende verloren ihren Besitz. Es kam zu Plünderungen. Die Regierung ließ die Stadt vollständig evakuieren und rief den Ausnahmezustand aus. Der Wiederaufbau wird viele Jahre dauern.

Extreme Wettererscheinungen

Northers und Blizzards

Northers sind großräumige Kaltlufteinbrüche im Winter und im Frühjahr in Nordamerika. Wenn die Kaltluft bis in die subtropischen Gebiete der USA vordringt, richten die Fröste auf den Plantagen der Südstaaten große Schäden an. Blizzards sind Eis- und Schneestürme, die als Folge plötzlicher Kaltlufteinbrüche vom Norden her in der gemäßigten Klimazone Nordamerikas auftreten.

Tornados

... sind festländische, wandernde Wirbelstürme (riesige Windhosen) von kurzer Lebensdauer. Es sind rotierende „Schläuche", gewaltige „Saugrüssel", in deren Windfeld extreme Windstärken auftreten. Tornados entstehen dort, wo heiße auf kalte Luftmassen treffen. Auf ihrem Weg hinterlassen sie eine Bahn der Verwüstung. Sie zerstören Häuser, entwurzeln Bäume und wirbeln Autos durch die Luft.

Hurrikans

... sind tropische Wirbelstürme mit extremen Windstärken. Sie erreichen Geschwindigkeiten von 300 km/h. Oft entstehen sie vor der Küste von Westafrika aus Tiefdruckgebieten, die über dem Atlantik und der Karibik feuchtwarme Luft ansaugen. Die langlebigen und großflächig aktiven Hurrikans ziehen vom Meer meist über die Antillen in den Raum von Südmexiko und der USA. Nach dem Sturm folgen meist ergiebige Regenfälle, die Überschwemmungen nach sich ziehen.

M4 Nach einem Blizzard in Washington D.C. im Dezember 2009

Aufgaben

3 **Erkläre, warum es in der gemäßigten Zone Nordamerikas zu extremen Wettererscheinungen kommt.**

4 **Sammle Informationen über Wetterextreme in Nordamerika (Zeitungen, Internet). Gestalte mit deinen Mitschülern dazu eine Wandzeitung.**

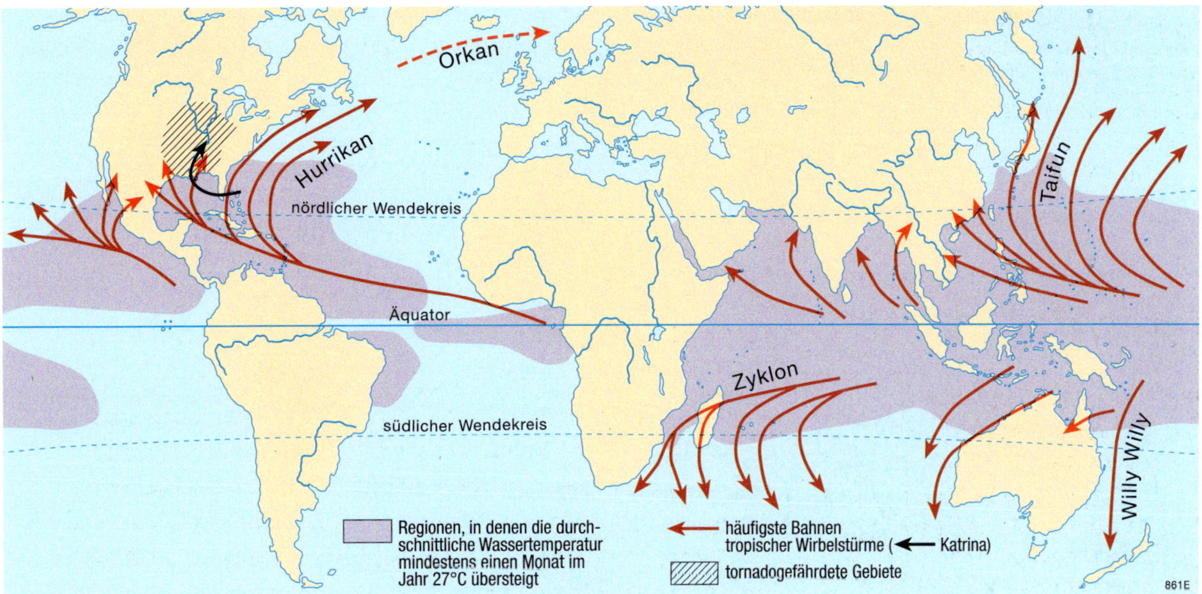

M5 Wirbelstürme weltweit (regional unterschiedliche Bezeichnungen)

Doppelkontinent Amerika

M1 In der Atacama

M2 Pflanzen- und Tierwelt Südamerikas

Klima und Vegetation Südamerikas

Südamerika liegt überwiegend in der tropischen und subtropischen Klimazone. Lediglich der äußerste Süden gehört der gemäßigten Klimazone an. Besonders an der Ostseite des Kontinents wird das Klima stark durch die Nordost- bzw. Südostpassate beeinflusst. Sie bringen den küstennahen Gebieten reichlich Niederschläge.

Das in Nordafrika um den nördlichen Wendekreis vorherrschende trockene Passatklima fehlt auf dem amerikanischen Kontinent.

Der Raum beiderseits des Äquators gehört zu den immerfeuchten Tropen. Das feuchtheiße Klima bietet dem tropischen Regenwald optimale Wachstumsbedingungen. Im Amazonasbecken breitet sich das weltweit größte zusammenhängende Regenwaldgebiet aus.
In Gebieten mit geringeren Niederschlägen geht der Regenwald in die Savannen über. An der Westküste Südamerikas breitet sich im Norden Chiles die Wüste Atacama aus. Sie gilt als die trockenste Wüste der Erde.

Aufgaben

1 **Ermittle die Klima- und Vegetationszonen, an denen Südamerika Anteil hat (Atlas).**

2 **Vergleiche Klima und Vegetation von Südamerika und Afrika.**

Info

El Niño

In unregelmäßigen Zeitabständen kommt es um die Weihnachtszeit zwischen der Westküste Südamerikas und Australien/Südostasien zu einem außergewöhnlichen Naturereignis. Peruanische Fischer gaben ihm den Namen El Niño (span.: das Kind, das Christkind). Das warme oberflächennahe Meerwasser wird sonst vom Südostpassat von Südamerika westwärts getrieben. In einem El-Niño-Jahr kehrt sich die Strömung um. Die Folgen sind schwere Regenfälle und Überschwemmungen und das Ausbleiben der Fischschwärme vor der Westküste Südamerikas. In Australien, Südasien und Südafrika kommt es zu Hitze, Trockenheit und Missernten.

Höhenstufen in den Anden

„Erleben Sie alle Klimazonen der Erde an einem Tag!" Das versprechen die Reiseprospekte für eine Fahrt in die tropischen Anden Südamerikas. Und tatsächlich, fährt man mit einem Geländewagen über einen der steilen Andenpässe ins Hochland, dann verändern sich die Temperaturen und die Vegetation ähnlich wie auf einer Reise vom Äquator zu den Polen. Ist es auf Meereshöhe noch fast 30 Grad heiß, so liegt auf 6 000 Metern schon ewiges Eis.

Die Vegetation passt sich diesen Bedingungen an. Mit zunehmender Höhe ist das Pflanzenwachstum nicht mehr so üppig wie auf Meereshöhe. Die Zahl der Pflanzenarten geht zurück. In einem tropischen Gebirge von 2 500 bis 3 000 Metern Höhe herrschen ähnliche Temperaturen wie bei uns in Mitteleuropa im Frühling. Es gibt dort Dörfer und große Städte. Die Bauern pflanzen Weizen, Gerste und Kartoffeln an. Dies geschieht in einer Höhe, wo in den Alpen längst nichts mehr wächst und schon Gletscherski gefahren wird.

M3 Im Hochland der Anden oberhalb der Waldgrenze

Aufgabe

3 **Beschreibe die Höhenstufen in den Anden und erläutere die Zusammenhänge zwischen Höhenlage, Klima, Vegetation und Landwirtschaft. Vergleiche mit den Alpen.**

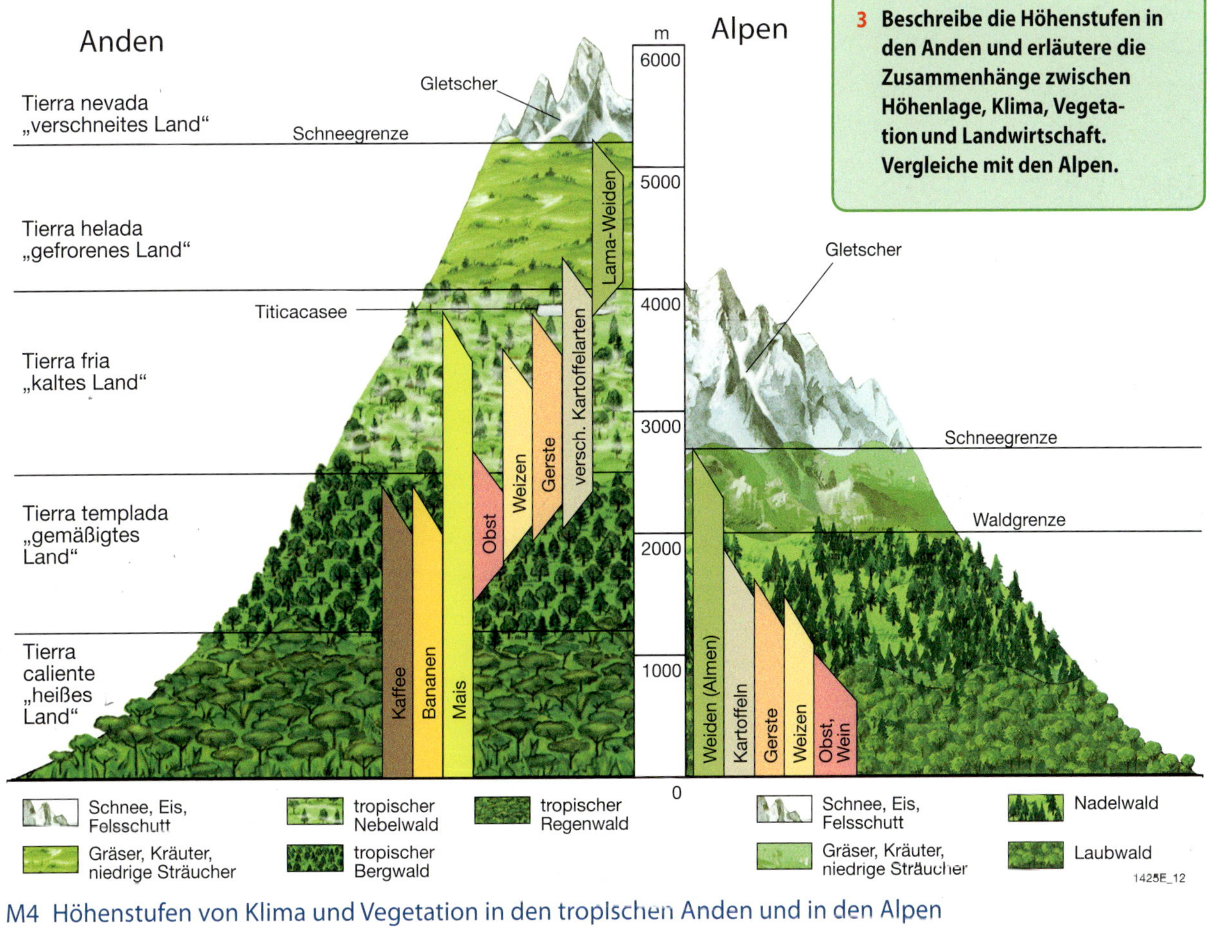

M4 Höhenstufen von Klima und Vegetation in den tropischen Anden und in den Alpen

METHODE

Daten vergleichen

Beachte!

Ein Sprichwort sagt: „Man kann nicht Äpfel mit Birnen vergleichen!" Das ist im Prinzip richtig. Es gibt jedoch eine Ausnahme wenn man für beide einen „gemeinsamen Nenner" finden kann – einen Aspekt, unter dem sie sich vergleichen lassen. Äpfel und Birnen sind Früchte. Sie können reif oder unreif sein. Man könnte also sagen: In Korb 1 (mit zehn roten Äpfeln) liegen doppelt so viele reife Früchte wie in Korb 2 (mit fünf grünen Birnen).

So gehst du vor

1. Lege das Thema fest, unter dem der Vergleich stattfinden soll.
2. Notiere Aspekte, die zum Thema gehören.
3. Bearbeite die Materialien, anhand derer du vergleichen willst, immer unter einem der Aspekte. Ermittle Gemeinsamkeiten und Unterschiede. Erstelle dazu eine Tabelle.
4. Fasse die wesentlichen Ergebnisse des Vergleichs zusammen (ziehe ein Fazit).
5. Suche nach den Ursachen (und eventuell den Folgen) für die Gemeinsamkeiten und die Unterschiede.

Land	Einw. (2009, in Mio.)	BIP (2008, in Mrd. US-$)	Anteile am BIP (2008, in Prozent)			Export (2008 in Mrd. US-$)	Import (2008, in Mrd. US-$)	HDI-Rang (2009)
			Landwirtschaft	Industrie	Dienstleistungen			
USA	306,8	14265,0	1	22	77	1300,0	2100,0	13
Kanada	33,7	1511,2	2	25	73	454,4	406,4	4
Mexiko	109,6	1088,0	4	36	60	291,3	309,4	53
Brasilien	191,5	1573,1	7	28	65	197,9	173,2	75
Argentinien	40,3	326,5	9	29	62	70,6	57,4	49
Kolumbien	45,1	240,7	9	35	56	37,6	39,7	77
Chile	17,0	169,6	4	47	49	63,3	55,6	44
Peru	29,2	127,6	7	37	56	31,5	28,4	78
Kuba	11,2	47,3	4	20	76	3,7	10,1	51
Ecuador	13,6	44,5	7	37	56	18,5	18,7	80
Costa Rica	4,5	29,8	9	30	61	9,7	12,9	54
Panamá	3,5	23,1	7	17	76	9,3	12,6	60
Bolivien	9,9	13,1	13	36	51	6,4	4,7	113
Honduras	7,5	12,2	13	28	59	2,2	6,9	112
Nicaragua	5,7	5,7	19	30	51	1,2	3,6	124
Guayana	0,8	1,1	31	25	45	0,7	1,0	114

M1 Wirtschaftsdaten ausgewählter amerikanischer Staaten (Nach: Fischer Weltalmanach 2010)

Mathe

Aufgabe

1 Vergleiche die Wirtschaftsdaten ausgewählter amerikanischer Länder (M1).

Wirtschaftsstrukturen amerikanischer Staaten

M2 Erdölförderung vor der Küste Venezuelas

M3 Zuckerrohrernte in Nicaragua

Wirtschaft mit regionalen Unterschieden

Zum Doppelkontinent Amerika gehören mehr als 30 Länder. Sie weisen unterschiedliche Wirtschaftsstrukturen auf (M1). Die nordamerikanischen Länder, die USA und Kanada, sind hochentwickelte Industrieländer mit einer leistungsfähigen, exportorientierten Landwirtschaft und einem ausgeprägten Dienstleistungssektor.
Als Lieferanten bergbaulicher und agrarischer Rohstoffe bzw. Produkte waren die meisten Länder Südamerikas über Jahrhunderte in die Weltwirtschaft eingebunden. Inzwischen weisen mehrere Länder einen hohen Industrialisierungsgrad auf. Die wirtschaftlich bedeutendsten sind Brasilien, Mexiko und Argentinien mit einer entwickelten verarbeitenden Industrie. Industrielle Fertigprodukte haben einen hohen Anteil am Export dieser Länder.
Die wirtschaftliche Säule der Andenländer ist der monostrukturelle Bergbau (Erze, Bauxit).

Der Großteil der Bevölkerung lebt aber auch hier von der Landwirtschaft. In mittelamerikanischen Kleinstaaten sind noch heute Kaffee, Bananen und Zuckerrohr wichtige Exportgüter. Für einige karibische Inseln ist der Tourismus eine bedeutende Einnahmequelle.

Aufgabe

2 **Beschreibe die regionalen Unterschiede in der Wirtschaft des Doppelkontinents.**
Arbeitsheft

M4 Urlaub in der Karibik (Dominikanische Republik)

Kanada

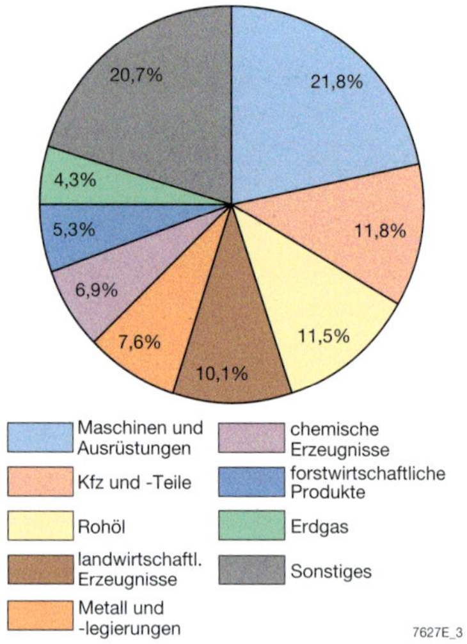

M1 Exportstruktur Kanadas (2009)

Kanada besitzt eine hoch entwickelte, vielseitige Industrie sowie eine leistungsfähige Land-, Forst- und Fischereiwirtschaft. Wie in anderen bedeutenden Industrieländern der Erde nimmt auch in Kanada der Dienstleistungssektor eine herausragende Stellung ein: Mehr als zwei Drittel aller Beschäftigten arbeiten in ihm. Reiche Naturressourcen wie Kohle, Erdöl und Erdgas, Holz, Wasser und fruchtbarer Boden bilden eine wichtige Grundlage für die kanadische Wirtschaft.

Hinzu kommen ein hohes Niveau der technischen Ausstattung und eine hohe Arbeitsproduktivität. Das Lebensniveau der Mehrheit der Bevölkerung ist hoch.
Kanada bildet zusammen mit den USA ein Zentrum der Weltwirtschaft (siehe S. 12).
Enge wirtschaftliche Verflechtungen bestehen insbesondere mit den USA, aber auch mit Japan und der Europäischen Union. US-amerikanische Unternehmen haben hohe Summen in die verarbeitende Industrie und in den Bergbau Kanadas investiert. Zudem sind die USA auch der wichtigste Handelspartner Kanadas.

Uran	33 %	1. Platz
Pottasche	35 %	1. Platz
Nickel	18 %	2. Platz
Zink	15 %	2. Platz
Kupfer	6 %	3. Platz
Gold	7 %	4. Platz
Diamanten	4 %	7. Platz

M2 Bergbauprodukte – Anteil an der Weltproduktion, Platz unter den Exporteuren (2007)

Weizenernte im Peace-River-Gebiet

Westprovinzen – Kanadas „Kornkammern"

Kanada gehört zu den führenden Getreideproduzenten und -exporteuren der Welt. Daran haben die drei Prärieprovinzen Manitoba, Alberta und Saskatchewan einen großen Anteil. Ihr Landschaftsbild ist weitgehend von Getreidefeldern und Weideflächen für Rinder geprägt. Mit modernster Technik bewirtschaften die Farmer riesige Flächen fruchtbarer Schwarzerde. Die Größe einer Farm beträgt durchschnittlich 500 Hektar. Seit Beginn der Besiedlung und ackerbaulichen Nutzung der Präriegebiete wurde der Getreideanbau immer weiter nach Norden bis an die Ackerbaugrenze ausgedehnt. Eine Grundlage dafür war die Züchtung neuer Getreidesorten mit kurzer Wachstums- und Reifedauer.

Goldgräberstimmung

In Kanadas arktischer Tundra, 300 Kilometer nordöstlich von Yellow-knife, lagern Milliardenwerte im Tundraboden: Diamanten. Vergleiche mit dem Goldrausch vor etwa 100 Jahren am Yukon River sind durchaus berechtigt.

M3 Der Hafen von Vancouver

Der Süden – Kanadas Wirtschaftszone

Wirtschaft, Bevölkerung und Verkehrswege Kanadas konzentrieren sich in einer etwa 300 Kilometer breiten, jedoch nicht durchgängigen Zone entlang der Grenze zu den USA. Der wirtschaftliche Schwerpunkt liegt im Osten des Landes.
Der Süden der beiden Provinzen Ontario (Zentrum Toronto) und Quebec (Zentrum Montreal) zählt zu den bedeutendsten Industriezentren der Erde. Entlang des St.-Lorenz-Stromes und an den Ufern der Großen Seen ist die verarbeitende Industrie angesiedelt.
Enge wirtschaftliche Verflechtungen bestehen dabei zum benachbarten Manufacturing Belt in den USA.
Als industrielle Wachstumsregionen zählen im Westen die Gebiete um Calgary, Edmonton und um Vancouver. Sie sind in ihren Handels- und Wirtschaftsverflechtungen auch auf den pazifischen Raum ausgerichtet.
Die Farmen in der Umgebung der Städteballungen im Süden versorgen die Bevölkerung insbesondere mit Frischprodukten.

Verkehrswege verbinden Räume

Von Meer zu Meer („a mari usque ad mare"), so wie es der Wappenspruch Kanadas verkündet, verbinden die „Canadian Pazific Railway" und der „Trans Canada Highway", mit fast 8 000 Kilometern die längste Autobahn der Welt, die Küsten des Atlantischen und Pazifischen Ozeans. Sie spielen für die Wirtschaft im Süden eine große Rolle. Zahlreiche Verkehrswege führen auch in die benachbarten USA. Nach Norden beschränkt sich das Verkehrsnetz auf Stichbahnen oder -straßen. Sie dienen insbesondere dem Güter- und Rohstofftransport. Eine besondere Verkehrsbedeutung kommt außerdem den Großen Seen und dem St.-Lorenz-Strom zu.

Info

Winterfeste Städte

In einigen Städten Kanadas, so in Edmonton, Toronto oder Montreal, existiert ein unterirdisches Straßennetz. Auf direktem Weg sind Kaufhäuser, Restaurants, Bahnhöfe, Bürogebäude, Banken und auch Parkplätze zu erreichen. In den strengen Wintern kann man ohne Mantel oder Jacke einkaufen gehen oder wichtige Geschäfte erledigen.

Aufgaben

1. **Beschreibe die Lage Kanadas im Gradnetz. Vergleiche mit Europa (Atlas).**
2. **Begründe, warum die Westprovinzen Kanadas „Kornkammern" sind (Atlas).**
3. **Nenne Ursachen für das wirtschaftliche Ungleichgewicht zwischen den nördlichen und südlichen Landesteilen.**
4. **Informiere dich über die Verwendung von Pottasche (M2). Nutze das Internet.**

Mexiko

MAQUILADORA-INDUSTRIE

Von den 20 größten Unternehmen der Maquiladora-Industrie stammten 2009 zehn Firmen aus den USA, fünf Firmen aus Japan, zwei aus Deutschland und jeweils eine Firma aus Kanada, den Niederlanden und China. Das größte Unternehmen (Delphi Automotive Systems) beschäftigt in 48 Werken 47 000 Menschen. Ca. 80 Prozent der über 3 000 Betriebe haben ihren Hauptsitz in den USA.

(Nach: www.maquila-portal.com/Visitors)

Mexiko gehört zu den Schwellenländern. Seit Jahren fördert die mexikanische Regierung die Ansiedlung ausländischer Industriebetriebe im Grenzbereich zu den USA. Viele Billiglohnfabriken, die so genannten Maquiladoras, wurden hier von US-amerikanischen Unternehmen errichtet. Zu den zahlreichen Vergünstigungen für diese Unternehmen gehören geringe Bodenpreise und Steuervorteile. In den Billiglohnfabriken sind meist ungelernte Arbeitskräfte, darunter viele Frauen, beschäftigt. Sie montieren elektronische Geräte und Fahrzeugteile oder nähen Bekleidung.

Seit Mexiko zusammen mit Kanada und den USA eine Freihandelszone (NAFTA) ohne Zollschranken bildet, siedeln sich immer mehr US-amerikanische Firmen in Nordmexiko an. Da sie ihre Waren hier sehr kostengünstig produzieren können und die Transportwege zu den Absatzmärkten kurz sind, erzielen sie hohe Gewinne.
Auch Mexiko profitiert von der Maquiladora-Industrie. Diese erwirtschaftete im Jahr 2008 mit acht Prozent aller mexikanischen Beschäftigten 25 Prozent der gesamten Industrieproduktion des Landes.
Die Aussicht auf einen Arbeitsplatz in Nordmexiko hat zu einer großen Binnenwanderung innerhalb Mexikos geführt. Beispielsweise wuchs die Bevölkerung in Ciudad Juarez auf 1,3 Millionen Einwohner. Hier gibt es über 300 Maquiladoras.

Aufgaben

1. **Nenne Gründe für die Entstehung der Maquiladora-Industrie.**
2. **Erläutere, warum die Bevölkerungszahl in den Grenzstädten ständig wächst.**
3. **Erörtere das Problem der illegalen Einwanderung über die mexikanische Grenze in die USA.**

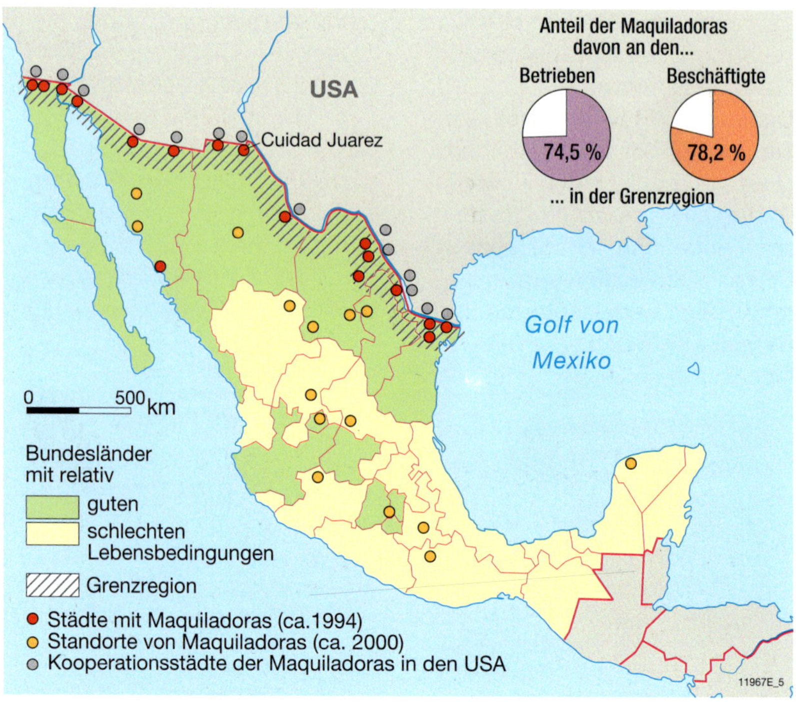

M1 Städte der Maquiladora-Industrie

M2 Grenzsicherungsanlagen zwischen den USA und Mexiko – es wird immer wieder versucht, sie zu überwinden

Mexiko/USA – Grenze zwischen zwei Welten

Vor drei Jahren hat Rosa ihr Dorf in Richtung der mexikanisch-US-amerikanischen Grenze verlassen. „Es gibt für uns einfache Leute nur einen Aus-weg. Irgendwie muss man in die USA kommen. Denn dort gibt es wesentlich mehr und besser bezahlte Arbeitsplätze als in Mexiko.", erklärt sie.
Die meisten Mexikaner erhalten keine Einwanderungsgenehmigung. Daher überqueren sie die Grenze illegal. Dies wird immer schwieriger, seit die USA ihre Grenze sichern. So wurde zwischen den Bundesstaaten Arizona in den USA und Sonora in Mexiko eine 4,5 Meter hohe Mauer errichtet. An ihr wurden Bewegungsmelder, Infrarotkameras und helle Lampen angebracht. Täglich werden hier etwa 50 illegale Grenzgänger festgenommen. Viele sterben auch beim Versuch, die Grenze zu überqueren.

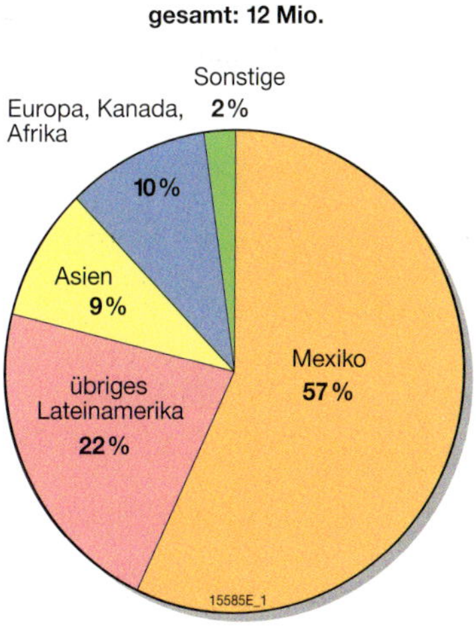

M3 Herkunft illegaler Einwanderer in den USA (2009)

Texanische Politikerin

Die entstehenden Kosten durch die illegalen Einwanderer sind enorm. Allein die Rückführung der aufgegriffenen Einwanderer verschlingt Unsummen an Steuergeldern.

Angestellter aus Nordmexiko

Sind genügend billige Arbeitskräfte im Land, dann werden Maßnahmen vonseiten der USA zur Eindämmung der Zuwanderung getroffen. Das führt nur zur Verschärfung der ungleichen Lebensverhältnisse zwischen den USA und Mexiko und nicht zu einer Lösung des Problems.

Mexikanischer Landarbeiter

Verhindern kann man die illegale Einwanderung sowieso nicht. Die Menschen werden sogar bereit sein, noch höhere Risiken einzugehen. Viele werden dann auf den wenigen ungesicherten Routen, z. B. durch die Wüste, ihr Glück versuchen und mit dem Leben dafür bezahlen.

Bankangestellte in Kalifornien

Die illegalen Einwanderer arbeiten hier bei uns für wenig Geld als Reinigungskräfte oder in der Kinderbetreuung. Der Arbeitsmarkt ist auf diese Menschen angewiesen. Amerikanische Arbeitskräfte findet man zu diesen Löhnen doch nicht!

Brasilien

Aufgaben

1 In Brasilien wird davon gesprochen, dass das wirtschaftliche Herz im Süden und Südosten schlägt. Erläutere.

2 Das Industriedreieck um São Paulo, Rio de Janeiro und Belo Horizonte profitiert von der MERCOSUR. Erkläre.

3 Im Amazonas-Tiefland (Amazonien) befindet sich das größte zusammenhängende tropische Regenwaldgebiet der Erde. Analysiere seine Nutzung unter dem Aspekt der Nachhaltigkeit (Einheit von Ökologie, Ökonomie und Sozialem). Nutze dazu S. 43 und den Atlas.

Auch Brasilien zählt zu den Schwellenländern. Im Süden und Südosten, so sagen die Brasilianer, schlägt das Herz des Landes. Fast die gesamte Industrie konzentriert sich hier auf engstem Raum. Die Säulen des industriellen Großraumes bilden die Bundesstaaten São Paulo, Rio de Janeiro und Minas Gerais.
São Paulo gilt als der wirtschaftliche Motor Brasiliens. Fast 40 Prozent der Industrieproduktion mit den Schwerpunkten Automobilindustrie, Maschinenbau, Textil-, Chemie- und Lebensmittelindustrie stammen aus São Paulo, ein Drittel der elektrischen Energie des Landes wird hier verbraucht.

Die Wirtschaft im Großraum von São Paulo profitiert von dem 1991 gegründeten „Gemeinsamen Markt des Südens" (MERCOSUR, S. 19). Dieser Binnenmarkt umfasst etwa 58 Prozent der Fläche Lateinamerikas und hat rund 250 Millionen Einwohner.
Für Brasilien sind jedoch die USA nach wie vor der wichtigste Handelspartner.

Die Metropole São Paulo wächst jedes Jahr um etwa 190 000 Einwohner, die überwiegend aus dem Nordosten des Landes zuwandern.
Im Zusammenhang mit der Einwohnerzahl nimmt auch das Flächenwachstum der Stadt enorm zu. Man erwartet, dass sich zwischen São Paulo und Rio de Janeiro ein geschlossenes Städteband entwickeln wird.

Volkswagen do Brasil

1953 begann VW in einem kleinen Schuppen und mit zwölf Mitarbeitern in São Paulo die Fertigung von Fahrzeugen. Da keine ausgebildeten Arbeitskräfte und keine Zulieferindustrie vorhanden waren, entwickelte das Werk eigene Ausbildungsprogramme und unterstützte die Gründung von Zulieferbetrieben.
Heute ist VW do Brasil das größte privatwirtschaftliche Unternehmen Brasiliens. Von den landesweit in fünf Werken produzierten Pkws, Lkws und Bussen wird ein Viertel in 30 Länder auf allen Kontinenten verkauft, die meisten davon in die USA. Der Konzern bietet seinen Beschäftigten zahlreiche Vergünstigungen, zum Beispiel Weiterbildungsmöglichkeiten, Stipendien, An- und Abfahrt zur Arbeit in firmeneigenen Bussen und medizinische Versorgung. In 1 400 Arztpraxen, 580 Kliniken und bei 160 Zahnärzten werden VW-Mitarbeiter zu stark reduzierten Preisen behandelt. Daneben betreibt die Firma Aids-Care- und Baby-Care-Einrichtungen.

Amazonien – vielfältige Nutzung und Folgen

Große Flächen des Regenwaldes werden zur Ausdehnung der Rinderhaltung gerodet. Für mehr als ein Drittel der Zerstörung des Regenwaldes ist die Rinderhaltung schon jetzt verantwortlich.

Immer mehr Touristen erkunden die Natur Amazoniens und die Kultur seiner Bewohner. Häufig fahren sie dazu mit Schiffen stromaufwärts und steuern Dschungel-Lodges an.

Das wasserreiche Amazonasbecken eignet sich für die Errichtung von Wasserkraftwerken. An zahlreichen Stellen wurden Staumauern gebaut. Die Stauseen überfluten den Regenwald.

In Amazonien gibt es umfangreiche Vorkommen unterschiedlichster Bodenschätze. Riesige Tagebaue durchziehen die Landschaft. Rekultivierung wird nicht betrieben.

In Europa und China gibt es eine starke Nachfrage nach Soja als Viehfutter. Da mit dem Sojaexport ein größerer Gewinn erwirtschaftet werden kann, nimmt der Sojaanbau in Monokultur immer mehr zu.

Der Einschlag von Edelhölzern führt zur Zerstörung großer Waldflächen. Für den Abtransport der Stämme werden Schneisen zu Straßen ausgebaut. Die größte ist die Transamazônica.

Andenländer

M1 Kokafeld und -pflanze

M2 Kokaanbaugebiete Südamerikas

Kokaanbau in Kolumbien, Peru und Bolivien

Zum festen Bestandteil der Kultur in den Anden zählt seit alters das Kauen von Kokablättern. Die Kokapflanze ist aber auch die Grundlage für die Herstellung von Kokapaste, Grundstoff der gefährlichen Droge Kokain.
Obwohl Anbau und Weiterverarbeitung von Koka offiziell verboten sind, ist der Kokaanbau in Bolivien, Peru und Kolumbien ein wichtiger Wirtschaftsfaktor. Er bringt höhere Gewinne als jede andere Agrarkultur. Auf diese Einnahmen möchte die arme Landbevölkerung nicht verzichten.
Seit den 1990er-Jahren werden jedoch auf Druck der USA die Kokaanbauflächen reduziert. Teile der illegalen Kokaproduktion gelangen nämlich in die USA und nach Kanada.
Mithilfe staatlicher Zahlungen bzw. von Projekten der Entwicklungszusammenarbeit werden Anbaukulturen wie Reis, Kaffee, Ananas und Bananen als Alternativen für die Landbevölkerung gefördert. So werden neue Verdienstmöglichkeiten geschaffen.

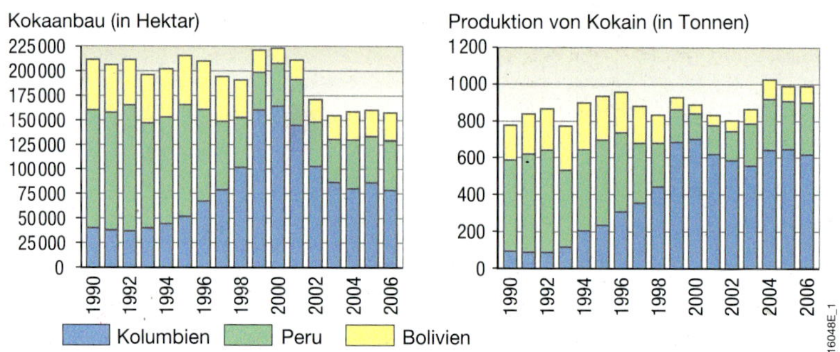

M3 Kokaproduktion in Kolumbien, Peru und Bolivien

Aufgaben

1 **Beschreibe die Entwicklung der Kokaproduktion (M3).**

2 **Begründe, warum die Landbevölkerung trotz des Verbotes Koka anbaut.**

Die Bedeutung des Kupfers für Chile

M4 Produkte aus Kupfer

Der Kupferabbau spielt seit Anfang des 20. Jahrhunderts eine wichtige Rolle für die Wirtschaft Chiles. Die Kupfererze werden im Tagebau oder Untertagebau gewonnen. Die Tagebaumine Chuquicamata, die seit 1915 genutzt wird, ist mittlerweile 4,3 Kilometer lang, drei Kilometer breit und über 800 Meter tief. In dieser Mine werden im Jahr etwa 600 000 Tonnen Kupfer gewonnen. Die Menge entspricht einem über elf Meter hohen Kupferblock, der so groß wie ein Fußballfeld ist.
Das Erz enthält auch Silber, Gold und Molydän. Molybdän ist ein vielfältig einsetzbares Metall. Bei der Stahlerzeugung wird es als Veredler verwendet. Legierungen aus Eisen und Molybdän sind besonders fest, hitzebeständig und rostfrei.

Der Kupferabbau hat auch Auswirkungen auf andere Wirtschaftszweige wie den Maschinenbau, der Arbeitsgeräte herstellt, oder die Chemieindustrie, die Stoffe zur Kupfererzeugung zur Verfügung stellt. Mit den Erlösen des chilenischen Staates aus dem Kupferbergbau wurde der Kupfer-Fonds, der „Fondo de Compensación del Cobre", eingerichtet.
Auf die eingezahlten Gelder kann der Staat zurückgreifen, falls der Kupferpreis stark sinkt, um so entstandene finanzielle Einbußen im Kupferbergbau auszugleichen. Ansonsten dürfen nur die erzielten Zinserträge verwendet werden, um staatliche Maßnahmen (z. B. Infrastruktur, Bildung) zu finanzieren.

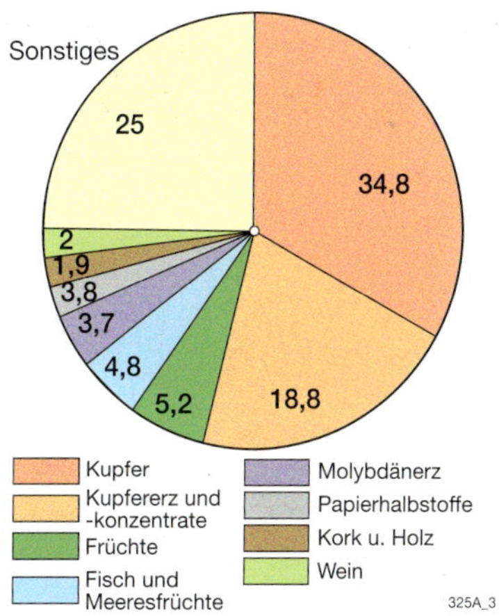

M5 Exportstruktur Chiles in Prozent (2008)

M6 Kupfererz

M7 Eine Kupfermine in Chile

Aufgaben

3 **Erläutere die Bedeutung des Kupfers für Chile (M5).**

4 **Nenne Gegenstände, die du täglich benutzt und die ganz oder teilweise aus Kupfer bestehen (Internet).**

Siedlungsstrukturen Nord- und Südamerikas

M1 Zentrum von San Francisco

M2 Vorort von San Francisco

M3 Verstädterung in den USA (zum Vergleich Deutschland)

Nordamerikas große Stadtlandschaften

Endlos erscheinende Stadtlandschaften sind typisch für Nordamerika. Immer mehr Städte wachsen zu Städtebändern oder städtischen Verdichtungsräumen zusammen. Man nennt sie Megalopolis. Mit fast 50 Millionen Einwohnern ist BosWash die größte Megalopolis. Sie reicht von Boston über New York bis Washington. Auch an der Westküste und rund um die Großen Seen sind Städtebänder entstanden.

Nicht nur in diesem ausufernden Wachstum, sondern in der gesamten Struktur und Entwicklung sind sich die meisten Städte in den USA und Kanada ähnlich (M5).

Im Zentrum liegt die City, auch CBD (Central-Business-District) genannt. Schon von weitem sind hohe Bürotürme zu sehen. In ihrer unmittelbaren Nähe befinden sich nicht selten heruntergekommene Viertel oder sogar leere Flächen. Mit dem Flächenwachstum der Vororte verlagerten sich nach und nach Betriebe vom Stadtzentrum an den Stadtrand. Meist an großen Kreuzungen in verkehrsgünstiger Lage entstanden so seit den 1960er-Jahren die typischen Dienstleistungszentren. Sie sind inzwischen zu Edge Cities, Städten am Rande der Städte, angewachsen.

	2008
New York	19,0
Los Angeles	12,9
Chicago	9,6
Philadelphia	5,8
Dallas	5,8
Miami	5,4
Houston	5,3
Washington	5,2
Toronto	5,1

M4 Die größten Stadtregionen der USA und Kanadas (Einwohner in Millionen)

Aufgaben

1 **Werte M3 und M4 aus.**

2 **Beschreibe das Modell der nordamerikanischen Stadt (M1, M2, M5, Text).**

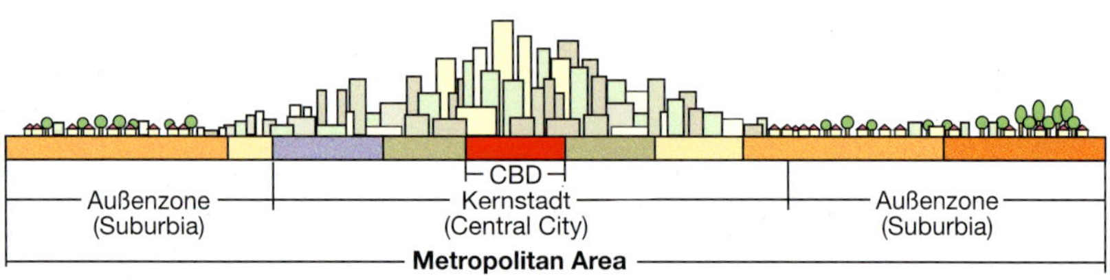

M5 Modell der nordamerikanischen Stadt (Profilschnitt)

Verstädterung in Südamerika

Südamerika verzeichnet ein starkes Bevölkerungswachstum. Steigende Bevölkerungszahlen sind vielfach mit Armut und Wanderungen vom Land in das vermeintliche „Schlaraffenland Großstadt" verbunden.
In Südamerika ist die Verstädterung weit vorangeschritten. Drei von vier Bewohnern leben inzwischen in Städten. Zu den größten Städten der Welt gehören Mexiko-Stadt (siehe S. 50/51) und São Paulo. Mehrere Jahrzehnte lang trug die Land-Stadt-Wanderung am stärksten zum Wachstum der Städte bei. Heute ist außerdem das natürliche Wachstum der städtischen Bevölkerung dafür verantwortlich. So ist die Bevölkerung von São Paulo auf über zehn Millionen angewachsen.

In einigen Städten kommt es zur überdurchschnittlichen Konzentration von Menschen, Industriebetrieben, Verwaltungsinstitutionen sowie sozialen und kulturellen Einrichtungen. Dieser Prozess wird Metropolisierung genannt. Die Metropolen bieten der Wirtschaft günstige Standortbedingungen. Den Menschen bringen sie gute Möglichkeiten, Arbeit zu finden, sich zu bilden, einzukaufen, einen Arzt aufzusuchen oder sich zu vergnügen.
Weltweit haben die Megastädte zunehmend mit Arbeitslosigkeit, Armut, Slumbildung, Kriminalität, Verkehrschaos und starker Umweltverschmutzung zu kämpfen.

M6 Erdrutsch nach Regenfällen in einem Elendsviertel in Rio de Janeiro (2010)

	1960	1970	1980	1990	2000	2010
Südamerika	51	60	68	75	80	83
Nordamerika	70	74	74	75	77	80
Europa	58	65	69	72	75	77
Westasien	35	44	52	63	70	75
Afrika	19	23	27	32	38	44
Ostasien	23	25	27	34	39	43

M7 Verstädterungsgrad (in Prozent) im weltweiten Vergleich

Aufgaben

3 Beschreibe Zusammenhänge zwischen Bevölkerungswachstum, Verstädterung und Metropolisierung.

4 Nenne Gründe für die Land-Stadt-Wanderung.

Arbeitsheft

São Paulo – eine der größten Metropolregionen der Welt

Metropolisierung

... ist der Prozess der Konzentration eines hohen Anteils der Bevölkerung, der Wirtschaft und Verwaltung, der sozialen und kulturellen Einrichtungen in zumeist nur einer Stadt eines Landes, der Metropole. Ursachen für die Metropolisierung liegen in Entwicklungsländern vor allem in der Unterentwicklung der meisten Landesteile. Die Armut zwingt die Menschen, ihre Dörfer zu verlassen. Das Ziel ihrer Wanderung ist zumeist die Metropole.

Doppelkontinent Amerika

M1 Skyline von Manhattan

M2 Times Square in New York

Die Weltmetropole New York

In den fünf Stadtteilen New Yorks leben über acht Millionen Einwohner. Zahlreiche nationale und internationale Firmen haben ihren Hauptsitz in einem der vielen Wolkenkratzern Manhattans. Hier werden weitreichende wirtschaftliche Entscheidungen mit globalen Auswirkungen getroffen. Die New Yorker Börse an der Wallstreet zählt weltweit zu den wichtigsten Finanzplätzen.

Die meisten Menschen, die in Manhattan arbeiten, wohnen aufgrund der hohen Wohnungs- und Mietpreise in anderen Stadtteilen oder in New Jersey außerhalb der Stadtgrenzen. Zur Rush Hour in den frühen Morgenstunden pendeln die New Yorker zumeist mit der Subway zu ihrem Arbeitsplatz nach Manhattan und am Abend wieder zurück. Aus den Subway-Stationen ergießen sich dann die Menschenmassen.

New York ist nicht nur ein wirtschaftliches, sondern auch ein touristisches Zentrum. Über 25 Millionen Besucher kommen jährlich, um sich die einmalige Skyline oder die Freiheitsstatue anzusehen. Auch die vielen weltberühmten Museen, die bekannten Musicals wie *Cats* oder *The Lion King* am Broadway oder die vielfältigen Angebote in den zahlreichen luxuriösen Geschäften locken viele Touristen in die Stadt.
Die Bezeichung „The City that never sleeps" trifft besonders am Times Square zu, wo das hektische Treiben auf den Straßen täglich bis in die frühen Morgenstunden anhält.
Die Glitzerwelt der Metropole New York hat auch Schattenseiten. Viele Menschen sind arm, arbeitslos und müssen auf der Straße leben.

En

Aufgabe

1 Erkläre, warum New York als Weltmetropole bezeichnet wird.

Stadt der Einwanderer

In New York leben Menschen aus mehr als 170 verschiedenen Nationalitäten. Deshalb wird häufig auch von der „Stadt der Einwanderer" gesprochen. Die größten Einwanderergruppen stammen heute aus Asien und Lateinamerika. Die Immigranten hoffen, dass sich ihre Lebensverhältnisse im Vergleich zur Heimat verbessern. Sie siedeln sich nach Nationalitäten getrennt in bestimmten Stadtvierteln an. Eine der bekanntesten Ethnic Neighbourhoods ist Chinatown in Manhattan. Hier leben etwa 100 000 Chinesen auf engstem Raum. In den Geschäften werden zahlreiche chinesische Waren angeboten. Die Preisschilder und die Leuchtreklame bestehen häufig nur aus chinesischen Schriftzeichen.

Sogar mehrere Tageszeitungen in chinesischer Sprache sind in Chinatown zu erwerben. Auch die anderen Ethnic Neighbourhoods sind durch die Lebensweise der jeweiligen Einwanderergruppen geprägt. Im Café Moskau, den Restaurants Huang He, Puebla, Kiew oder Java kann man beispielsweise Getränke und Speisen aus den jeweiligen Teilen der Welt bestellen. Häufig sind aber Bereiche der Ethnic Neighbourhoods zu Elendsvierteln verkommen. Ohne Ausbildung können viele Einwanderer nur sehr schlecht bezahlte Jobs annehmen oder sie finden gar keine Arbeit. Die Armut führt zu einer hohen Kriminalitätsrate. Der amerikanische Traum von Reichtum oder auch Wohlstand erfüllt sich nur für einen geringen Teil der Immigranten.

Aufgaben

2 **Werte M3 aus.**

a) Ermittle, aus welchen Ländern die Einwanderergruppen in den Ethnic Neighbourhoods stammen.

b) Auf welchen Kontinenten liegt die überwiegende Anzahl dieser Länder?

3 **Berichte über das Leben in den Ethnic Neighbourhoods.**

M3 Ethnic Neighbourhoods verschiedener Einwanderergruppen

M4 In Chinatown

M5 Obdachlose

Mexiko-Stadt – eine große Metropole

Stadtregion	Einwohnerzahlen (in Mio.)		
	1950	1970	2008
Mexiko-Stadt	2,9	8,7	19,4
São Paulo	2,8	8,1	19,2
Buenos Aires	5,1	8,3	13,1
Rio de Janeiro	3,5	7,0	11,6
Lima	1,0	2,8	8,5
Bogotá	0,7	2,4	7,1
Santiago de Chile	1,3	2,8	6,5
Belo Horizonte	0,5	1,6	2,4
Guadalajara	0,4	1,5	4,1

M1 Bevölkerungsentwicklung lateinamerikanischer Stadtregionen

Mexiko-Stadt liegt in einem Becken, dem Tal von Mexiko, auf einer Höhe von über 2 200 Metern. Umrahmt wird die Stadt von gewaltigen Gebirgen mit schneebedeckten Vulkanen (M3). Mexiko-Stadt gehört zu den größten Metropolen der Welt. Inzwischen leben im Großraum der Stadt etwa 23 Millionen Menschen. Die Bevölkerung wächst hier schneller als im Rest des Landes.

Eine Ursache dafür liegt in der starken Zuwanderung. Vor allem junge Menschen aus den ländlichen Regionen zieht es in die Hauptstadt. Sie entfliehen schwierigen Lebensbedingungen: dem Mangel an eigenem Grund und Boden, den fehlenden Arbeits- und Bildungsmöglichkeiten. Doch ihre Hoffnung auf ein besseres Leben erfüllt sich auch in der Großstadt nur selten.

Aufgaben

1 **Beschreibe die geographische Lage und die natürlichen Bedingungen des Hochtales von Mexiko-Stadt (Atlas).**

2 **Erläutere die Bedeutung der Stadt innerhalb des Landes.**

3 **Erkläre die ökologischen Probleme von Mexiko-Stadt.**

M2 Rush Hour in Mexiko-Stadt

Schwimmende Gärten von Xochimilco

Stadt mit Tradition

Der Sage nach erblickten die von Norden kommenden Azteken auf einer Insel inmitten eines großen Sees auf einem Feigenkaktus sitzend einen Adler mit einer Schlange im Schnabel. Sie sahen das als Zeichen Gottes an, sich hier niederzulassen. Deshalb gründeten sie als Zentrum ihres Reiches 1325, wo sich heute Mexiko-Stadt befindet, ihre Hauptstadt Tenochtitlan. Die Bewohner betrieben Fischfang und intensiven Gartenbau, von dem noch heute die „Schwimmenden Gärten von Xochimilco" zeugen.

Die Spanier eroberten und zerstörten 1521 die großzügig angelegte Stadt Tenochtitlan. Auf ihren Trümmern erbauten sie Mexiko, die Hauptstadt ihrer Kolonie Neu-Spanien. Während der Kolonialzeit wuchs die Stadt neben Lima (Peru) zum größten und bedeutendsten Verwaltungs-, Wissenschafts- und Kulturzentrum im spanischen Amerika. Noch heute zeugen Kathedralen und Paläste vom Reichtum der alten Stadt.

M3 Blick über Mexiko-Stadt

Problemregion Metropole

Mexiko-Stadt ist ein typisches Beispiel für die Metropolisierung in einem Entwicklungsland. Dem Besucher bietet sich eine faszinierende, aber in mancher Hinsicht auch eine bedenkliche Mischung aus supermoderner und alter Architektur, Reichtum und bitterer Armut.

- Heute leben auf einem halben Prozent der Staatsfläche Mexikos 25 Prozent aller Mexikaner. Das sind etwa 25 000 Einw./km² (Berlin 3 818 Einw./km²). Täglich kommen fast 2 000 Menschen dazu.

- Das enorme Wachstum der Metropole verursacht auch extreme Umweltprobleme. Mexiko-Stadt leidet besonders an der Wasserknappheit. Der größte Teil des Wassers muss aus Gebieten herbeigeschafft werden, die mehr als 200 Kilometer entfernt liegen. Über zwei Millionen Menschen besitzen keinen Wasseranschluss.

- Ebenso alarmierend wie die Wassernot ist die extreme Luftverschmutzung durch Verkehr und Industrie. Jeden Tag gelangen 12 000 Tonnen hochgiftiger Schadstoffe in die Luft und Smog verhüllt die Stadt. In 2 250 Metern Höhe leiden die Bewohner der Stadt unter Sauerstoffmangel.

- Mexiko-Stadt liegt in einer der aktivsten Erdbebenzonen der Welt.

- Mexiko-Stadt nimmt eine überragende Stellung innerhalb des Landes ein. In ihr konzentrieren sich über 60 Prozent der Industrie, 42 Prozent aller Erwerbstätigen, 50 Prozent aller Banken und Handelsgesellschaften sowie 80 Prozent aller Forschungseinrichtungen des Landes.
  Die anderen Städte Mexikos haben kaum eine Chance, sich ähnlich wie die Hauptstadt zu entwickeln.

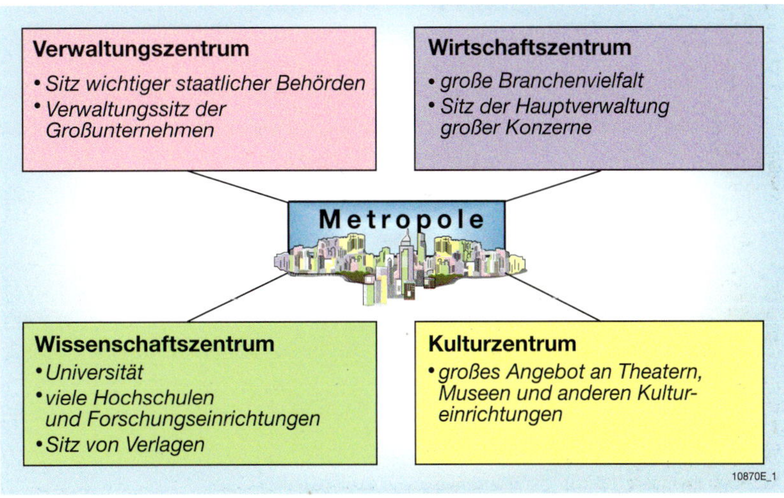

M4 Merkmale einer Metropole

METHODE

Eine thematische Karte anfertigen

Info

Thematische Karten

Diese veranschaulichen ausgewählte Merkmale eines Raumes zu einem bestimmten Zeitpunkt mithilfe von Linien, Flächen- oder Punktsignaturen.

Aufgaben

1 **Verfolge die Schrittfolge des Anfertigens einer thematischen Karte anhand des Beispieles.**

2 **Fertige selbst eine thematische Karte an (Arbeitsheft).**

3 **Für Geoexperten: Gestalte eine Karte mit WebGIS.**

Arbeitsheft

So gehst du vor

1. Lies den Arbeitsauftrag. *(Vergleiche M1.)*
2. Wähle eine Grundkarte aus, in der du Daten kartographisch darstellen willst. Du kannst auch selbst eine kartographische Skizze anfertigen. *(In M2 wurde eine entsprechende Umrisskarte gewählt.)*
3. Wähle die Art der Darstellung der statistischen Daten aus (Linien-, Flächen- oder Punktsignaturen). *(In M2 wurden Farben verwendet, um die Flächen zu kennzeichnen.)*
4. Klassifiziere die Daten nach ihrer Bedeutung bzw. ihrem Stellenwert, um die Räume unterscheiden zu können. Ordne den Klassen eine Farbe oder Signatur zu. *(In M2 sind vier Klassen ausgewiesen.)*
5. Lege eine Legende an. *(In M2 geben die Farben an, wie hoch das BIP pro Kopf in US-$ ausgewählter Länder des Doppelkontinent 2009 war.)*
6. Gestalte die Karte und gib ihr eine Überschrift.

Fertige eine thematische Karte zum BIP ausgewählter amerikanischer Staaten an. Nutze dazu folgende Daten:

Land	BIP pro Kopf in US-$ (2009)
USA	46 300
Kanada	38 700
Chile	14 000
Mexiko	13 900
Argentinien	12 500
Venezuela	12 300
Costa Rica	10 800
Uruguay	10 700
Brasilien	9 400
Kolumbien	8 200
Suriname	8 200
Peru	7 300
Ecuador	7 100
Bolivien	4 200
Paraguay	3 900
Haiti	1 300

M1 Arbeitsauftrag mit Daten zum BIP pro Kopf

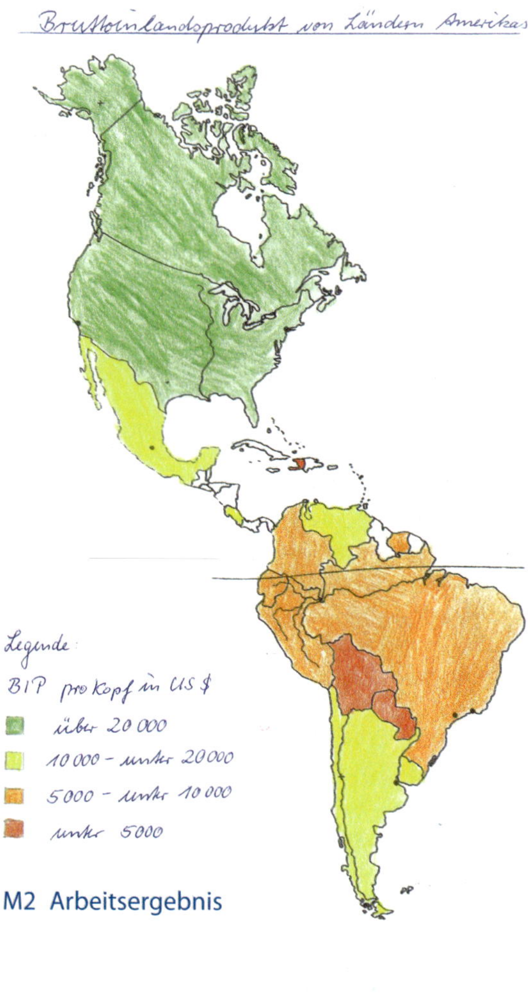

M2 Arbeitsergebnis

Gewusst – gekonnt

ALLES KLAR

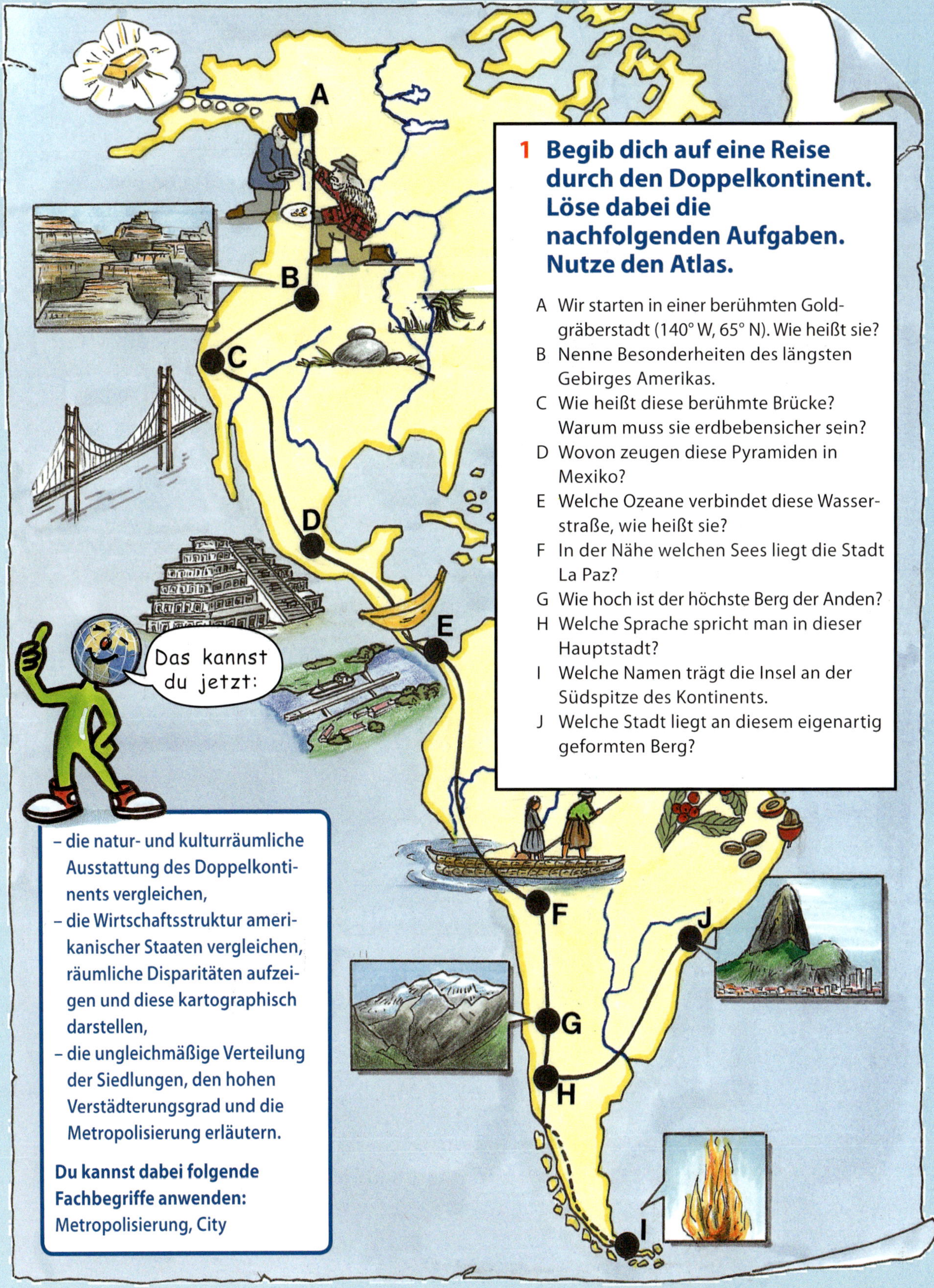

1 Begib dich auf eine Reise durch den Doppelkontinent. Löse dabei die nachfolgenden Aufgaben. Nutze den Atlas.

A Wir starten in einer berühmten Goldgräberstadt (140° W, 65° N). Wie heißt sie?
B Nenne Besonderheiten des längsten Gebirges Amerikas.
C Wie heißt diese berühmte Brücke? Warum muss sie erdbebensicher sein?
D Wovon zeugen diese Pyramiden in Mexiko?
E Welche Ozeane verbindet diese Wasserstraße, wie heißt sie?
F In der Nähe welchen Sees liegt die Stadt La Paz?
G Wie hoch ist der höchste Berg der Anden?
H Welche Sprache spricht man in dieser Hauptstadt?
I Welche Namen trägt die Insel an der Südspitze des Kontinents.
J Welche Stadt liegt an diesem eigenartig geformten Berg?

- die natur- und kulturräumliche Ausstattung des Doppelkontinents vergleichen,
- die Wirtschaftsstruktur amerikanischer Staaten vergleichen, räumliche Disparitäten aufzeigen und diese kartographisch darstellen,
- die ungleichmäßige Verteilung der Siedlungen, den hohen Verstädterungsgrad und die Metropolisierung erläutern.

Du kannst dabei folgende Fachbegriffe anwenden:
Metropolisierung, City

Weltwirtschaftsmacht USA

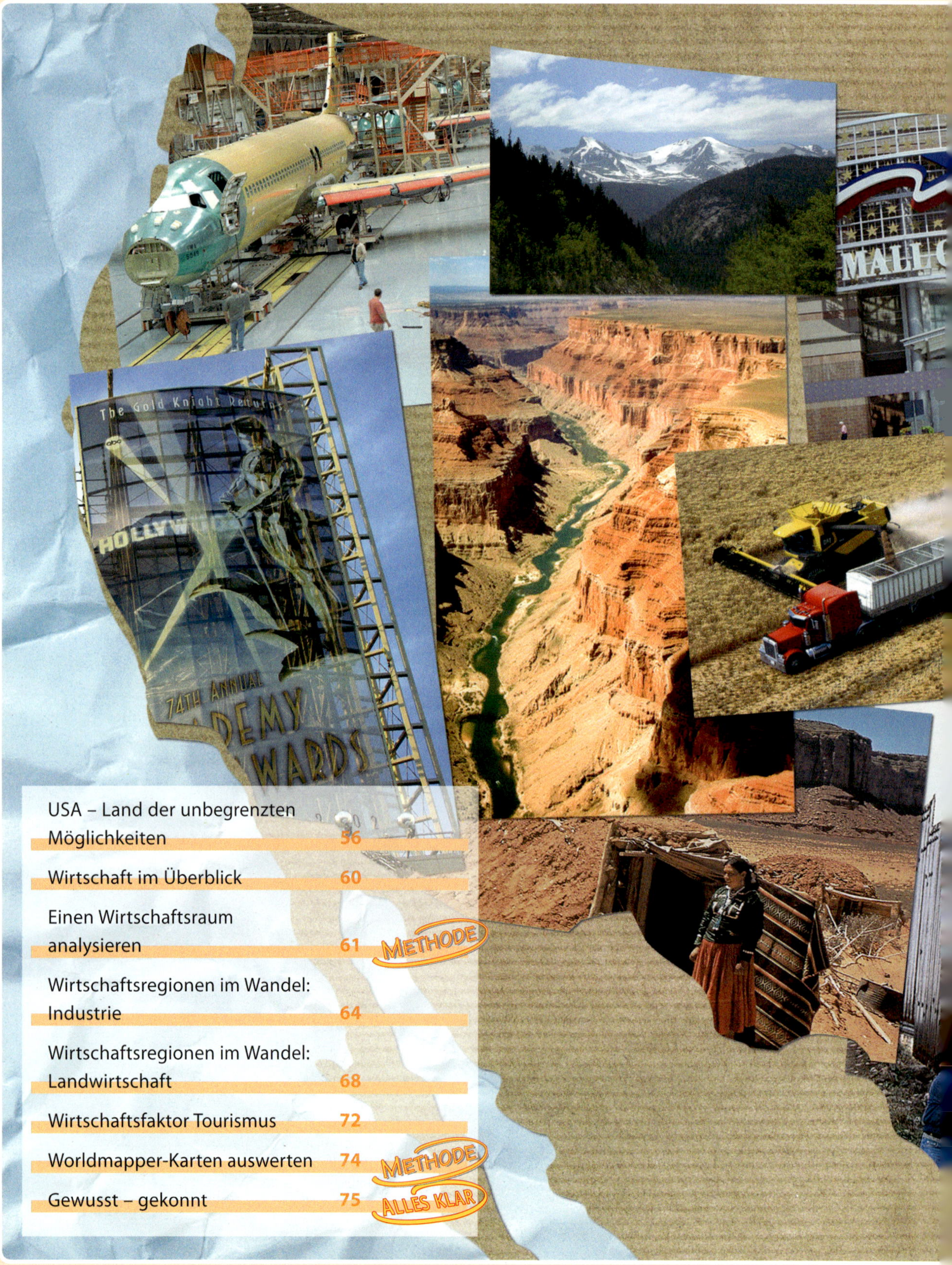

USA – Land der unbegrenzten Möglichkeiten 56

Wirtschaft im Überblick 60

Einen Wirtschaftsraum analysieren 61 METHODE

Wirtschaftsregionen im Wandel: Industrie 64

Wirtschaftsregionen im Wandel: Landwirtschaft 68

Wirtschaftsfaktor Tourismus 72

Worldmapper-Karten auswerten 74 METHODE

Gewusst – gekonnt 75 ALLES KLAR

Am Ende dieses Kapitels kannst du:

- die Vereinigten Staaten von Amerika als Weltwirtschaftsmacht beschreiben,
- die wirtschaftsräumliche Gliederung der USA beschreiben,
- den Strukturwandel in der Industrie und Landwirtschaft der USA erläutern,
- komplexe Karten unterschiedlichen Maßstabes auswerten.

Weltwirtschaftsmacht USA

USA – Land der unbegrenzten Möglichkeiten

Aufgaben

1 **Beschreibe die Lage der USA.**

2 **Miss die Nord-Süd- und West-Ost-Ausdehnung und vergleiche sie mit Europa.**

3 **Die Flagge der USA heißt Stars and Stripes. Erläutere deren Bedeutung (Internet).**

4 **In unserem Alltag wird eine „Amerikanisierung" deutlich (M1). Nenne Beispiele.**

Arbeitsheft

Die USA (United States of America) bestehen aus 50 Bundesstaaten. Davon nehmen 48 fast den gesamten Süden Nordamerikas ein. Der 49. Staat Alaska liegt getrennt durch Kanada im Nordwesten. Im Pazifischen Ozean befindet sich fast 4 000 Kilometer vom Festland entfernt der 50. Bundesstaat, die Inselgruppe Hawaii. Die Hauptstadt der USA ist Washington D. C. (District of Columbia).

Mit einer Fläche von rund 9,8 Millionen Quadratkilometer sind die Vereinigten Staaten von Amerika das drittgrößte Land der Erde und fast so groß wie der Kontinent Europa.

Die Amerikaner bezeichnen ihr Land oft als „Land der unbegrenzten Möglichkeiten". Vergleicht man die USA mit anderen, etwa gleich großen Ländern der Erde, fällt auf, dass sie über günstige natürliche Bedingungen verfügen. Dies betrifft vor allem die geographische Lage an zwei Ozeanen, den großen Anteil an der gemäßigten Klimazone, das Vorhandensein von großen Flächen fruchtbaren Bodens und den scheinbar unermesslichen Reichtum an Bodenschätzen. Die USA werden aber auch oft von Wirbelstürmen, Überschwemmungen, heftigen Schneefällen oder Erdbeben heimgesucht.

„Amerikanisierung" der Welt

Seit Jahrzehnten nimmt die US-amerikanische Lebens- und Wirtschaftsweise Einfluss auf unseren Alltag. Dies zeigt sich vor allem in der Kleidung, Musik, Verkaufskultur, in Fastfood-Ketten und in unserer Sprache. Amerikanische Feiertage werden auch bei uns vermarktet. Weltweit wird die Medienlandschaft durch die USA geprägt. Filme aus Hollywood spielen Millionengewinne ein. Die Oskar-Verleihung ist ein globales Medienereignis. Wahlkämpfe werden publikumswirksam im Fernsehen geführt.

En

M1 Amerikanische Kultur weltweit

M2 Schüler aus New York

Aufgaben

5 **Im Wappen der USA gibt es ein Spruchband mit der Aufschrift: E pluribus unum (Aus vielen eines). Erläutere.**

6 **Informiere dich im Internet über die Einwanderungsbestimmungen in die USA. Prüfe, ob du die Voraussetzungen erfüllen würdest.**

Schmelztiegel oder Pulverfass?

Die USA galten schon immer als ein Land der Einwanderer. Es gibt wohl keine Nation, Volks- und Religionsgruppe, die nicht Anteil an der US-Bevölkerung hat. Als erste kamen Engländer, Iren und Deutsche in die „Neue Welt". Sie formierten sich recht schnell zu einer eigenen Nation. Englisch wurde zur von allen akzeptierten Muttersprache. Die USA verstehen sich bis heute als Melting Pot, als Schmelztiegel. Denn Völker, Kulturen und Religionen verschmolzen zu einer neuen, der amerikanischen Gesellschaft.

Lange blieb allerdings die Gruppe der Schwarzen, die einst als Sklaven ins Land gebracht wurden, von der Eingliederung ausgeschlossen. Auch heute noch leben viele von ihnen am Rand der Gesellschaft.
Ein Problem neueren Datums ist die große Zahl einwanderungswilliger Menschen aus Mittelamerika. Hunderttausende Hispanics hoffen auf eine Green Card, die Berechtigung für Einwanderung und Arbeit. Wem sie versagt wird, der versucht häufig illegal ins „gelobte Land" zu kommen (vgl. S. 41).

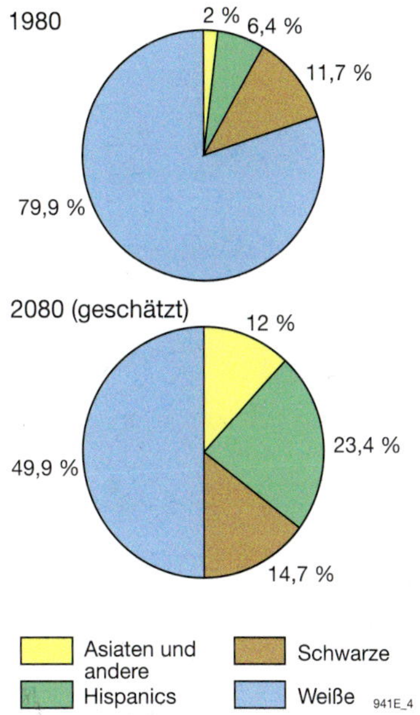

M3 Ethnien der US-Bevölkerung

Indianisches Mädchen beim Give Away, einem Tag, an dem Dinge verschenkt werden.

Bericht eines Irokesen um 1880

„Dieses Land wurde einst ausschließlich von Indianern bewohnt. Doch die Stämme wurden einer nach dem anderen bei ihren vergeblichen Versuchen, die Ausbreitung der „Zivilisation" nach Westen aufzuhalten, ausgerottet. Die Indianer wurden wie Hunde behandelt.
Wenn ein Stamm sich gegen die Verletzung seiner natürlichen und vertraglichen Rechte zur Wehr setzte, wurden Angehörige des Stammes erschossen."

(Nach: Dee Brown: Begrabt mein Herz an der Biegung des Flusses. München 1974, S. 177)

American Way of Life

M1 „Big Apple“ New York

M2 American Football

M3 An der Wall Street, der Börse von New York

Parade zum 4. Juli, dem Unabhängigkeitstag der USA

Freedom: Erhalt von Freiheit
American Exceptionalism: Glaube an die besondere moralische Stellung und Mission von Amerika
Patriotism: Loyalität gegenüber den Vereinigten Staaten und Zuneigung zum American Way of Life
Equality before the Law: für alle, Reich und Arm, Weiß und Schwarz, gelten die gleichen rechtlichen Regeln
Fairness: die Menschen erhalten das, was sie aufgrund ihrer individuellen Tätigkeiten und Anstrengungen verdienen
Respectability: lockerer Umgang zwischen Personen unterschiedlicher Gesellschaftsschichten
Luck: Leitspruch „Leben und leben lassen“
Achievement: Glaube an die Wirksamkeit individueller Anstrengung, Ansicht, dass sich Bildung und harte Arbeit bezahlt machen
Caring beyond the Self: Hilfsbereitschaft gegenüber Anderen
Progress: Veränderung als fester Bestandteil des Lebens
Time Orientation: Amerikaner sind zeitbewusst und betrachten Zeit als materielle Sache („Zeit ist Geld“)

M4 Merkmale des American Way of Life

Aufgabe

1 **Vergleiche die Werte der US-amerikanischen Gesellschaft mit deinen eigenen Lebensvorstellungen.**

Die Mobilität der US-Amerikaner

Die hohe Mobilität ist ein wichtiges Merkmal des American Way of Life. Ein junger US-Amerikaner muss heute damit rechnen, etwa achtmal in seinem Leben die Arbeitsstelle, den Beruf und häufig auch den Wohnort zu wechseln.

Die 15-jährige Karen Cage ist in ihrem Leben bereits fünfmal umgezogen. Die Kindheit verbrachte sie in New York, wo ihre Eltern John und Liz bei „Philip Morris“ in einer Tabakfabrik beschäftigt waren. Kurz nach Karens Einschulung erhielt John einen gut bezahlten Job bei „General Motors“ in Detroit. Die Familie Cage mietete sich eine Wohnung in der Stadt. Noch bevor Karen alle Klassenkameraden richtig kennengelernt hatte, zogen die Cages nach Alabama. Hier fanden die Eltern eine interessante Arbeit. John wurde Produktionsleiter bei „Mercedes“ und Liz leitete einen Supermarkt von „Wal-Mart-Stores“. Als Karen neun Jahre alt war, erhielt ihr Vater einen Job in der aufstrebenden Computerbranche. Die Familie kaufte sich ein kleines Holzhaus, ein Mobile Home, setzte es auf einen riesigen Sattelschlepper und fuhr in die Nähe von San Francisco.

M4 Mobile Home on Tour

Seniorin in Sun City

Aufgaben

2 **Verfolge den Wohnortwechsel der Familie von Karen (Atlas). Begründe die Anschaffung eines Mobile Home.**

3 **Erkläre die hohe Mobilität der US-Bevölkerung.**

Sun City – Luftbild

Info

Sun City – eine geplante Stadt

Als größte Seniorensiedlung der USA wurde 1960 Sun City im Bundesstaat Arizona gegründet. Sie bietet älteren Menschen (ab 55 Jahren) einen komfortablen Alterswohnsitz unter angenehmen klimatischen Bedingungen. Sun City ist für einen aktiven Lebensstil seiner Bewohner bekannt: Es gibt Golfplätze, Erholungsstätten mit Möglichkeiten zum Schwimmen, Bowling, Tennisspielen und sogar einen See zum Angeln. Für Polizeischutz ist rund um die Uhr gesorgt. Der Begriff Sun City steht inzwischen für einen neuen Stadttyp, den es nicht nur in den USA gibt.

M1 Bau eines Jumbo-Jets (Boeing 747) in den Boeing-Werken in Everett

Aufgaben

1 **Begründe, warum die USA als Land der Superlative bezeichnet werden können.**
2 **Nenne Ursachen für den Aufstieg der USA zur größten Wirtschaftsmacht der Erde.**
3 **Begründe den steigenden Anteil des Dienstleistungsbereiches an den Beschäftigtenzahlen der USA.**

Wirtschaft im Überblick

Die USA sind die führende Weltwirtschaftmacht der Erde. Obwohl der Vorsprung der amerikanischen Wirtschaft durch zunehmende Konkurrenz aus Westeuropa und Asien zurückgegangen ist, nimmt sie noch immer die Spitzenposition ein.
Die USA stehen zwar nach der Einwohnerzahl erst an dritter Stelle unter den Ländern der Erde, nach ihrer Wirtschaftskraft übertreffen sie alle anderen Staaten bei weitem. Weniger als fünf Prozent der Weltbevölkerung erzeugen dort mehr als 25 Prozent des Weltbruttonationaleinkommens.
In den USA haben 2009 vier der zehn umsatzstärksten Unternehmen der Erde ihren Sitz. Hier gibt es die meisten Millionäre, Düsenjets, Autos und Wolkenkratzer.
Besonders deutlich wird die überragende Wirtschaftskraft auf dem Gebiet der Schlüsseltechnologien Elektronik, Computerhard- und Software, des Flugzeug- und Raketenbaus, der Medizintechnik und der Biotechnologie. Namen wie Microsoft, IBM, Google, Adobe Systems, Apple und Boeing stehen stellvertretend für viele andere. Zahlreiche technologische Innovationen in der Telekommunikation, der Computerbranche oder in der Weltraumforschung haben Einzug in unseren Alltag gefunden (Info-Kasten).
Neben Kanada sind die USA auch der weltweit größte Produzent und Exporteur landwirtschaftlicher Erzeugnisse. Sie sind Selbstversorger bei allen Agrarprodukten mit Ausnahme von Tropenfrüchten.

Info

Forschung mit Nutzen

Die in der Luft- und Raumfahrtforschung sowie der Rüstungsindustrie entwickelten Werkstoffe, Verfahren und Techniken werden wie selbstverständlich weltweit in der Industrie, im Infrastrukturbereich und in Privathaushalten genutzt, z. B.:

- Mikrochips in Computern oder Haushaltsgeräten: leichte und platzsparende Vorläufer mussten für das Mondlandeprogramm Apollo in den 1960er-Jahren entwickelt werden;
- Teflon-Pfannenbeschichtung, zunächst für den Hitzeschild von Raumfahrzeugen entwickelt.

Wirtschaft

Wirtschaftsbereiche und Handel

Verschiedene Faktoren sind zu nennen, die dazu beitrugen, dass die USA zur größten Wirtschaftsmacht der Erde aufsteigen konnten (Info-Box).

Am Volkseinkommen (Bruttoinlandsprodukt – BIP) sind heute die Land- und Forstwirtschaft (primärer Sektor) mit einem Prozent, die Industrie (sekundärer Sektor) mit 22 Prozent und der Dienstleistungssektor (tertiärer Sektor) mit 77 Prozent (2009) beteiligt. Damit ist der Dienstleistungsbereich wichtigster Arbeitgeber. Besonders rasch wuchsen die Forschung, Kommunikation, Werbung und Unterhaltung.

Der Bedarf an Arbeitskräften in der Industrie wird weiter zurückgehen. Eine Produktionssteigerung erfolgt über verstärkte Automatisierung, Robotereinsatz oder bessere Auslastung der Anlagen. Manche Standorte sind bereits in andere Länder ausgelagert worden, so zum Beispiel in das Grenzgebiet USA – Mexiko. Hier kann billiger produziert werden (vgl. S. 40).

Die USA sind auch eine der führenden Handelsnationen der Welt. Die wichtigsten Handelspartner sind Kanada, China, Mexiko, Japan, Deutschland und Großbritannien.

Info

Faktoren des Erfolges

- große Flächen fruchtbaren Bodens
- Reichtum an Bodenschätzen
- Vorhandensein von Arbeitskräften
- freie Entwicklung der Wissenschaft, zahlreiche Erfindungen
- freiheitliche Wirtschaftsgesetzgebung

Einen Wirtschaftsraum analysieren

METHODE

So gehst du vor

1. Wähle einen Wirtschaftsraum aus und grenze ihn ab.
2. Analysiere die Wirtschaft des Raumes nach Wirtschaftssektoren und ermittle deren Anteile.
3. Analysiere die Voraussetzungen für die einzelnen Wirtschaftssektoren.
4. Beschreibe den wirtschaftlichen Strukturwandel und begründe ihn.

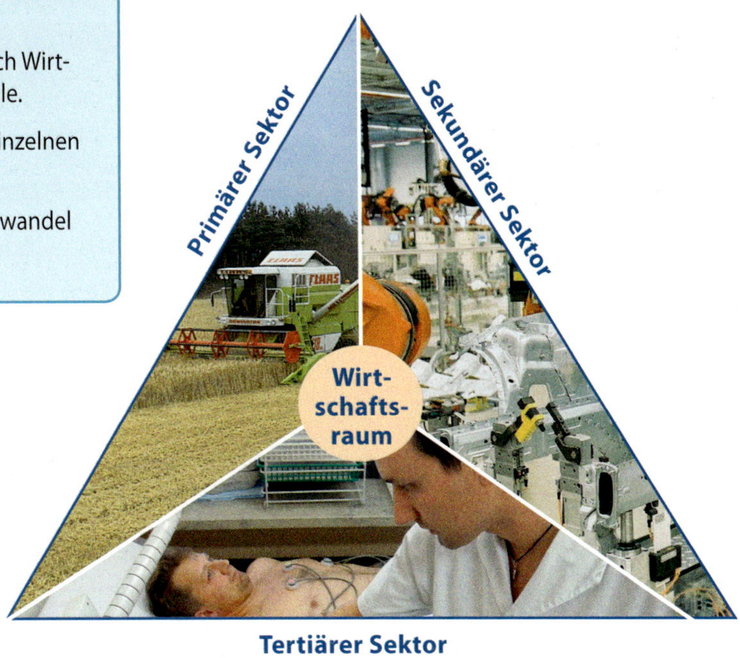

Aufgabe

4 Analysiere den Wirtschaftsraum der USA. Orientiere dich an der Schrittfolge. Nutze auch das Internet.
Arbeitsheft

Dienstleistungsgesellschaft USA

M1 Kurierbote in New York

In den USA arbeiten inzwischen mehr als drei Viertel aller Beschäftigten im Dienstleistungssektor. Er umfasst ganz verschiedene Berufe, vom Computerfachmann über den Aktienhändler bis zum Schuhverkäufer, den Straßenkehrer oder den Kurierboten. Zwischen ihnen bestehen sehr große Unterschiede hinsichtlich des Einkommens, aber auch der notwendigen beruflichen Qualifikationen.

Gerade die Jobs im Bereich der sogenannten einfachen Dienstleistungen werden in den USA häufig so gering entlohnt, dass sie nicht zur Existenzsicherung ausreichen. Immer mehr Amerikaner gehören zu den sogenannten Working Poor. Sie können sich durch ihre Arbeit nicht mehr über der Armutsgrenze halten. Um ihren Lebensunterhalt zu sichern, müssen sie häufig mehrere Jobs gleichzeitig annehmen.

„Camp Snoopy"

„Mall of America"

www.mallofamerica.com

Shopping Malls – „Gigantisch ist nicht groß genug"

Als riesige Dienstleistungszentren erweisen sich in den USA die zahlreichen Shopping Malls. Viele von ihnen sind zu Erlebniszentren ausgebaut. Das größte Einkaufszentrum der USA, die „Mall of America", befindet sich in einem Vorort von Minneapolis/Minnesota und wird oft als „Stadt innerhalb der Stadt" beschrieben. In der Mitte liegt mit dem „Camp Snoopy" der größte überdachte Freizeitpark der USA, ausgestattet mit Riesenrad, begehbarem Aquarium, Kinos und einer LEGO-Welt. Jährlich kommen mehr als 40 Millionen Besucher. Dadurch hat sie sich zu einem Wachstumsmotor für die regionale Wirtschaft entwickelt.

Aufgaben

1. **Nenne zehn Berufe, die zum Dienstleistungssektor gehören.**
2. **Vergleiche die „Mall of America" mit Einkaufszentren deines Heimatraumes.**

M2 Blick auf Las Vegas bei Nacht

M3 Hotelkomplex „The Venetian" in Las Vegas

Las Vegas – Spielerparadies und Dienstleistungszentrum

Einer der weltweit größten Touristenmagnete ist die in der Wüste Nevada gelegene Stadt Las Vegas. Die Entwicklung der früheren Eisenbahnersiedlung zum Spielerparadies begann 1931, als das Glücksspiel im Bundesstaat Nevada erlaubt wurde.

Las Vegas lockt seine Gäste heute nicht nur mit dem Glücksspiel. Shows mit Weltstars, Weltmeisterschaften im Boxen und unkomplizierte Eheschließungen ziehen zusätzlich Touristen an. Immer neue Hotels mit Spielkasinos und Themenparks entstehen. Der Hotelkomplex „The Venetian" ist ein Beispiel dafür: Er hat über 6 000 Suiten und rund 1 000 Angestellte. Durch seinen Themenpark aus prächtigen Palästen, Plätzen, Wasserstraßen und Brücken sollen sich die Touristen in die italienische Hafenstadt Venedig versetzt fühlen.

Niedrige Wasserstände am Lake Mead

Nur eine halbe Autostunde von Las Vegas entfernt fließt der Colorado. 1935 wurde hier der Bau eines 222 Meter hohen Staudammes beendet, der den Fluss aufstaut und den riesigen Lake Mead entstehen ließ. Von hier erfolgt die Versorgung von Las Vegas mit Strom und Trinkwasser. Der wachsende Bedarf stellt die Stadt zunehmend vor Probleme. Der Wasserstand des Lake Mead sinkt immer weiter ab, Sparmaßnahmen sind unausweichlich.

Aufgaben

3 **Beschreibe die Bedeutung von Las Vegas als Dienstleistungszentrum.**

4 **Las Vegas ist die am schnellsten wachsende Stadt der USA und benötigt immer mehr Wasser und Energie. Bewerte diese Entwicklung unter dem Aspekt der Nachhaltigkeit.**

Wirtschaftsregionen im Wandel: Industrie

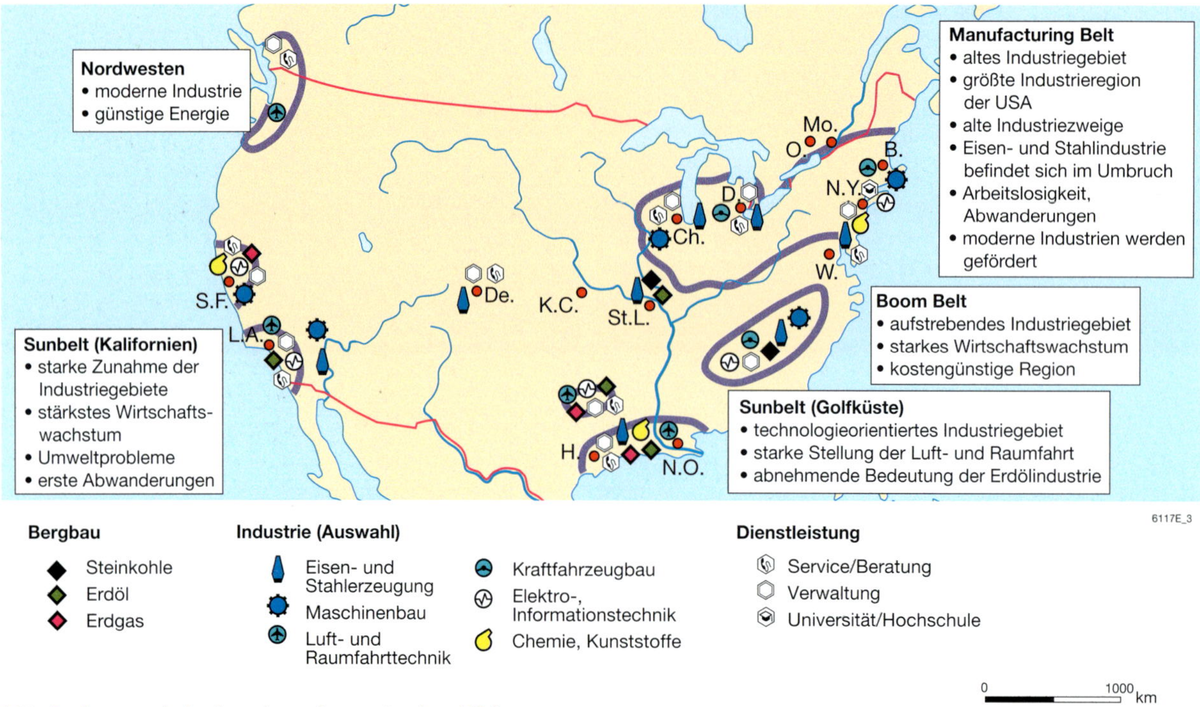

M1 Bedeutende Industrieregionen in den USA

Info

Belt

Seit den 1920er-Jahren war es in den USA üblich, wirtschaftlich zusammenhängende Räume als Belt zu bezeichnen. Den Anfang machte 1926 der Amerikaner Baker. Er schuf Namen für Landwirtschaftsregionen wie Dairy Belt oder Cotton Belt. Ein Jahr später grenzte der schwedische Geograph Sten de Geer einen großen Teil des amerikanischen Nordostens aus und bezeichnete ihn als Manufacturing Belt (Industriegürtel).

Manufacturing Belt

Der Manufacturing Belt (manufactory: Fabrik, belt: Gürtel) liegt im Nordosten der USA. Er ist der größte Industrieraum der Erde. Dieser erstreckt sich von Boston am Atlantischen Ozean bis Milwaukee am Michigansee und bis St. Louis am Zusammenfluss von Missouri und Mississippi. In Pittsburgh wurde bereits um 1890 in Hochöfen Eisen erzeugt. Der Standort war ideal. Mächtige Kohleflöze am Rand der Appalachen konnte man im Tagebau abbauen. Eisenerzlagerstätten waren in der Nähe vorhanden. Bereits um 1900 war die Ostküste der USA dicht besiedelt. Zahlreiche Arbeitskräfte aus Europa und anderen Gebieten der USA fanden im Manufacturing Belt eine Beschäftigung.

Im verarbeitenden Gewerbe wurde die Autoindustrie größter Arbeitgeber der Region. Die amerikanischen Autokonzerne konzentrieren sich bis heute in Detroit. Hier wurde einst die Fließbandproduktion eingeführt, die zur Senkung der Autopreise führte.

Inzwischen hat sich die Automobilindustrie aus der Stadt Detroit in das Umland verlagert. Dort siedelten sich auch zahlreiche Automobilzulieferer sowie Forschungs- und Entwicklungseinrichtungen an. Detroit hat in den letzten Jahrzehnten viele Einwohner verloren. Aufgrund der Wirtschaftskrise 2008/2009 waren die ansässigen großen Automobilhersteller in ihrer Existenz bedroht. Tausende Menschen wurden arbeitslos. Das verschärft den Niedergang der Stadt.

Ein altes Industriegebiet wandelt sich

„Die Region hat zu lange auf den Stahl gesetzt, der Belt braucht eine neue Industriestruktur." Dies erkannten in den 1980er-Jahren die Experten. Auf dem Weltmarkt war es damals zu einem Überangebot an Stahl gekommen, weil der Bedarf für viele Erzeugnisse infolge neuer Technologien und Werkstoffe sank. Da viele Betriebe mit veralteter Technik produzierten, waren sie nicht mehr konkurrenzfähig. Tausende Stahlarbeiter verloren ihre Arbeit und wanderten in den aufstrebenden Sunbelt aus.
Als dann auch noch die heimische Automobilindustrie in die Absatzkrise geriet, verelendeten ganze Regionen. Die Unternehmen hatten es versäumt, ihre Werke zu modernisieren und attraktive neue Modelle zu entwickeln. Die japanischen Autos waren auf einem wesentlich höherem technischen Niveau. Es kam zu Massenentlassungen. Im ehemals blühenden Manufacturing Belt standen plötzlich rostige Industrieruinen.

Ähnlich wie im Ruhrgebiet oder in England versuchte die Regierung, durch Subventionen Betriebsschließungen zu verhindern. Steuererleichterungen und billige Kredite sollten die Ansiedlung von Hightech- und Dienstleistungsbetrieben fördern. Dieser Strukturwandel hatte Erfolg: Trotz aller Probleme ist der Manufacturing Belt immer noch das größte zusammenhängende Industriegebiet der USA und der Welt.

Aufgaben

1. **Beschreibe die Lage des Manufacturing Belt und seine Standortfaktoren.**
2. **Benenne die Städte in M2 (Atlas).**
3. **Nenne Gründe, warum der Manufacturing Belt zum „Rust Belt" wurde.**
4. **Nenne Maßnahmen, die den Strukturwandel unterstützen.**

Arbeitsheft

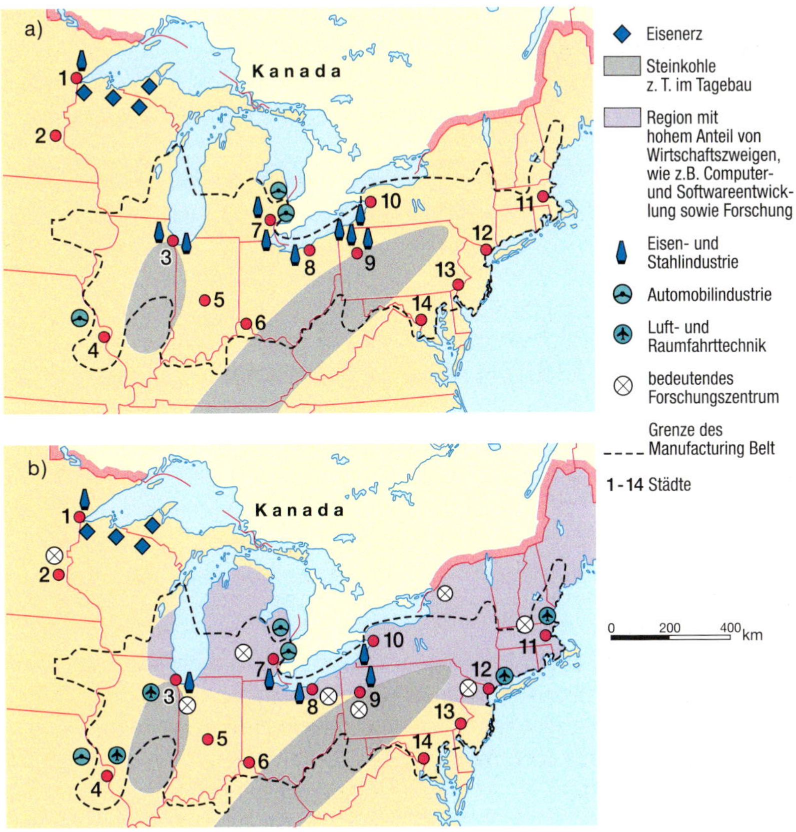

M2 Der Manufacturing Belt

M3 Autoproduktion in Detroit 1975

M4 Timken Research Center für Windenergie in Hartville/Ohio

Silicon Valley

Das „Tal des Siliziums" ist die erfolgreichste Hightech-Schmiede der Welt. In den 1980er-Jahren wurden hier Mikrochips produziert. Das Material, Silizium, das zu ihrer Herstellung benötigt wird, gab dem Tal südlich von San Francisco seinen Namen. Heute hat sich die Produktion im Silicon Valley erweitert. So bieten Firmen wie HP oder Apple Produkte rund um den Computer und das Internet an.

M1 Firmen und Produkte aus Silicon Valley

Der Sunbelt – ein attraktiver Standort

„Als die Probleme im Manufacturing Belt zunahmen, wurde der Sunbelt für viele US-amerikanische Unternehmen und Arbeitskräfte höchst interessant", berichtet Mrs. Dabel, die Sprecherin in der Hauptverwaltung von IBM in New York. „Auch wir haben im Sunbelt einige neue Niederlassungen errichtet. Dafür gab es unterschiedliche Gründe. Besonders wichtig waren die hervorragenden Human Resources, das heißt gut ausgebildete und hoch motivierte Wissenschaftler. Sie ließen sich leicht unter den Studienabgängern der über 80 Hochschulen Kaliforniens finden. Um Kosten zu sparen und neue Ideen rasch umzusetzen, arbeiten wir sehr eng mit den Hochschulen, aber auch mit Hightech-Unternehmen der Region zusammen. So können wir uns gegenüber der welt weiten Konkurrenz be haupten."

M2 Der Sunbelt

Info

Sunbelt

Seit den 1970er-Jahren spricht man vom Sunbelt (Sonnengürtel). Seit dieser Zeit siedelten sich in einigen Gebieten des Südens und Westens der USA zukunftsträchtige Industrien wie Rüstungs-, Raumfahrt- und Computerindustrie an. Hunderttausende Arbeitskräfte aus dem Manufacturing Belt zog es hierher. Heute wandert ein Teil von ihnen jedoch wieder zu neu entstandenen, attraktiveren Arbeitsplätzen in die alte Industrieregion zurück.

Der Sunbelt ist, ähnlich wie der Manufacturing Belt, keine durchgehend dicht besiedelte und industrialisierte Region. Er besteht aus einzelnen wirtschaftlichen, vorwiegend städtischen Zentren. Dort haben sich viele Dienstleistungsunternehmen und Industrien angesiedelt, darunter die petrochemische Industrie und die Rüstungsindustrie.
Der US-amerikanische Staat vergibt einen Großteil seiner Rüstungsaufträge und Forschungsgelder nach Kalifornien.

Die Standortvorteile des Sunbelts gegenüber dem Manufacturing Belt sind niedrigere Steuern, geringere Umweltauflagen sowie zahlreiche gut ausgebildete Arbeitskräfte. Der hohe Freizeitwert, ein überaus angenehmes Klima und die gute Infrastruktur, zum Beispiel zahlreiche Schulen und Versorgungsmöglichkeiten, sind weitere Vorteile.
Der Sunbelt ist auch ein Zentrum der Unterhaltungsindustrie. Die angeführten Standortfaktoren führten auch zur Ansiedlung der Unterhaltungsindustrie in Hollywood (M3).

Aufgaben

1 **Benenne die städtischen Zentren des Sunbelt in M2 (Atlas).**

2 **Nenne die Standortfaktoren im Sunbelt und begründe die Standortentscheidung von IBM.**

3 **Vergleiche die Industriezweige des Sunbelt mit denen des Manufacturing Belt (M2, S. 65 M2, Atlas).**

M3 Universal Studios in Hollywood (Los Angeles)

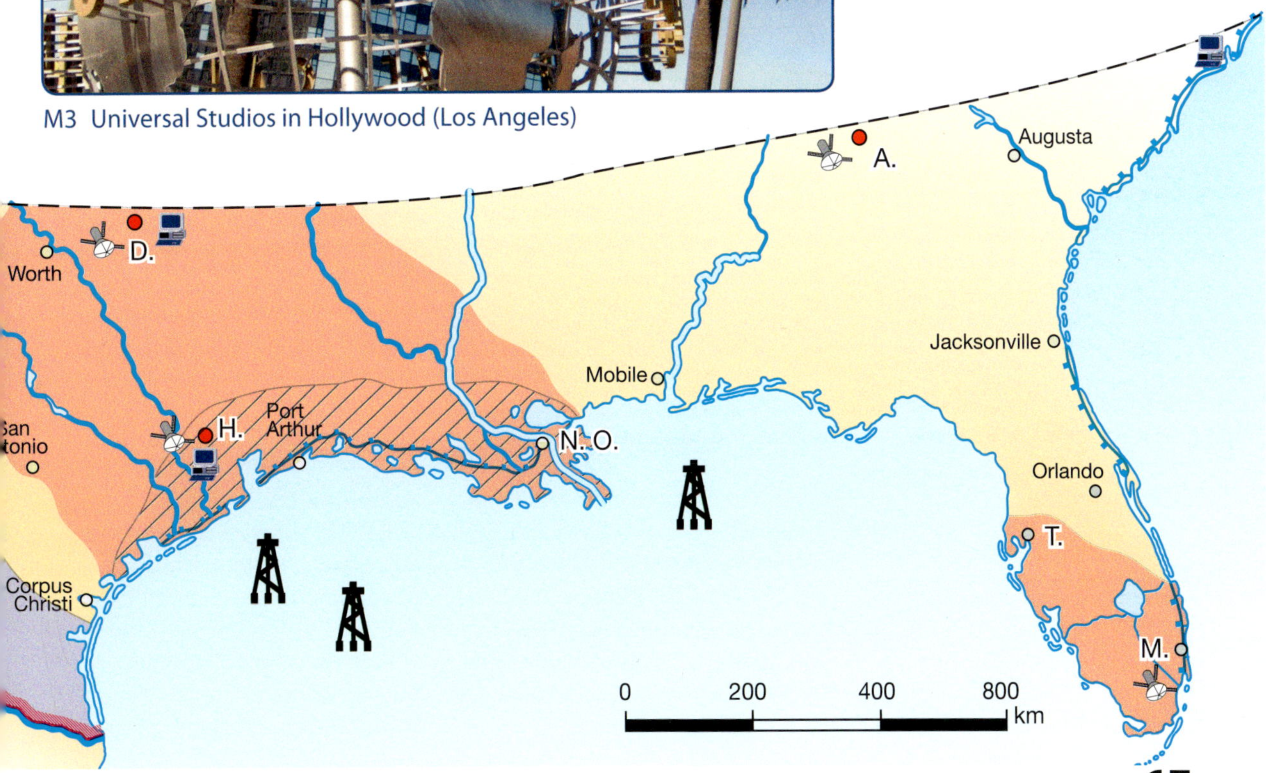

Wirtschaftsregionen im Wandel: Landwirtschaft

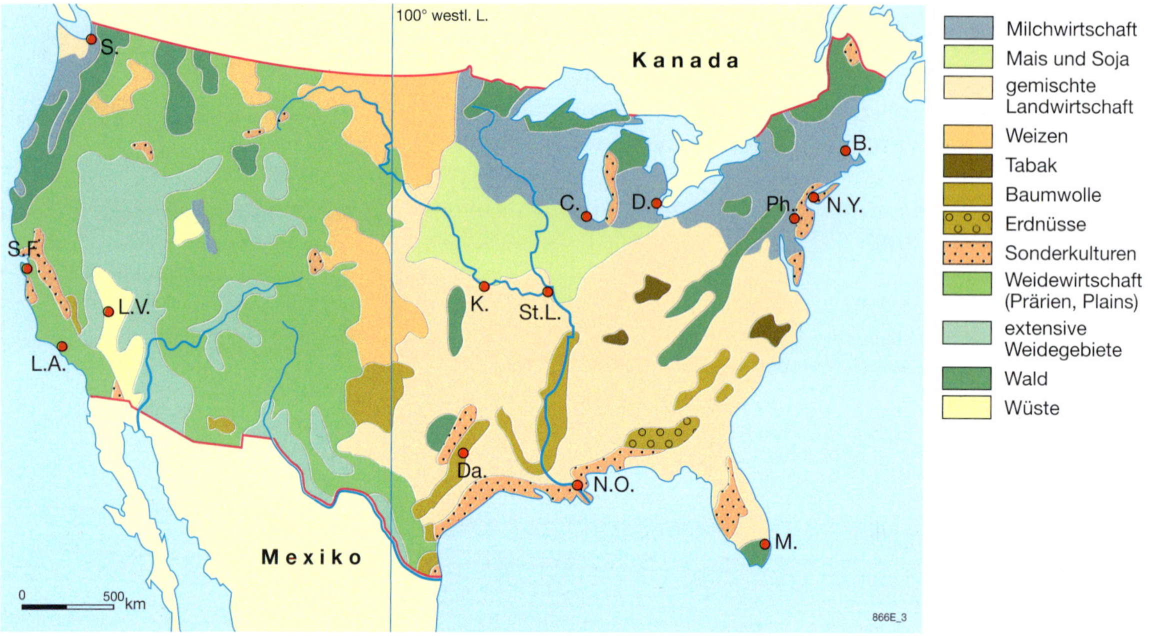

M1 Landwirtschaftliche Produktionsgebiete in den USA

Die Bedeutung der Landwirtschaft in den USA

Die Anbauflächen in den USA umfassen nur etwa 20 Prozent des Landes, sind aber mit 170 Millionen Hektar größer als die gesamte Anbaufläche der Europäischen Union. Die besten Ackerbaugebiete liegen in den Great Plains. Ein ausgeglichenes Klima und fruchtbare Böden begünstigen den landwirtschaftlichen Anbau. Die weiten Ebenen werden mithilfe von großen Maschinen sehr effizient bearbeitet.
70 Prozent der Höfe sind Familienbetriebe mit 100 000 bis 500 000 US-$ Jahresumsatz. Einige von ihnen sind hoch verschuldet. 30 Prozent sind Großbetriebe mit zum Teil über fünf Millionen US-$ Jahresumsatz.

M2 Das Kuner Feedlot, Colorado, ist einer der größten Rindermastbetriebe der USA.

Mastbuchten statt Cowboyromantik

Wo die Niederschläge für den Ackerbau nicht mehr ausreichen und nur noch Präriegras wächst, lagen die traditionellen Rinderzuchtgebiete. Hier wurden auf riesigen Ranches die Rinder großgezogen und dann in wochenlangen Trecks von Cowboys zu den Eisenbahnstationen und Schlachthöfen getrieben. Heute sind die Rinderherden in großen Rindermastbetrieben (Feedlots) untergebracht. Oft werden mehr als 200 000 Jungrinder dabei in genormten Mastbuchten das ganze Jahr über im Freien gehalten. Jede dieser Buchten kann bis zu 2 000 Rinder aufnehmen.
Vom Lkw aus wird das genau abgewogene Futter in die Futtertröge gefüllt. Geschlachtet werden die Rinder in firmeneigenen Schlachthäusern. Das Fleich wird portioniert direkt an die Handelsketten ausgeliefert.

Industrielle Landwirtschaft

Die Zukunft der amerikanischen Landwirtschaft gehört der hoch mechanisierten Factory Farm. Sie hat einen großen Maschinenpark, benötigt hohe Geldsummen für Investitionen, produziert mit wenig Personal große Mengen für den Markt und wird wie ein Industriebetrieb geführt. Computer steuern die Tätigkeit des Farmers. Neueste agrarwissenschaftliche Erkenntnisse gehen in seine Arbeit ein. Nur so ist die ständige Steigerung der Erträge zu gewährleisten. Dies ist für den Farmer notwendig, wenn er wettbewerbsfähig bleiben will. Sein Verhältnis zu Vieh und Boden ist oft wie das eines Geschäftsmannes zu seinem Kapital.

Diese neue Art der Landwirtschaft wird als Agrobusiness bezeichnet. Auch Konzerne wie Coca Cola und Boeing sowie große Banken bewirtschaften heute riesige Flächen. Jedoch wächst die Kritik an dieser hoch industrialisierten Landwirtschaft.

Manche Farmer suchen in der ökologischen Landwirtschaft eine Alternative. Sie halten die Tiere möglichst artgerecht und schonen durch natürliche Düngung, Fruchtwechsel und abwechslungsreichen Anbau den Boden. Dafür benötigen sie aber mehr Kapital und die Akzeptanz der höheren Produktpreise durch die Verbraucher.

Aufgaben

1 **Stelle Beziehungen zwischen Klima, Böden und landwirtschaftlicher Nutzung in den Produktionsgebieten her (M1, Atlas).**

2 **Begründe, weshalb der Factory Farm die Zukunft der amerikanischen Landwirtschaft gehört.**

3 **Erkläre den Begriff Agrobusiness.**

Arbeitsheft

US-amerikanische Farmlandschaft

M3 Mais

M4 Weizen

Agrobusiness

Grundgedanke des Agrobusiness ist die Führung landwirtschaftlicher Betriebe nach industriellen Maßstäben und mit entsprechenden Methoden. Dabei unterliegen ganze Produktionsketten – von der Pflanzenzucht bis zum Steak im eigenen Supermarkt – dem Management einer einzigen Kapitalgesellschaft.
Gegenwärtig erzeugen nur zwei Prozent solcher kapitalkräftigen Großunternehmen 70 Prozent der Agrarprodukte der USA. Nur durch die Art der Produkte unterscheiden sich derartige Betriebe von modernen Fabriken.

Info

Great Plains (Große Ebenen)

Sie erstrecken sich von Kanada bis Südtexas, vom Mississippi-Tal bis zu den Rocky Mountains im Westen. Die ursprüngliche Vegetation, das Grasland, ist vom Menschen stark überprägt worden. Im trockeneren Westen wird intensive Weidewirtschaft betrieben. Der Osten dagegen ist aufgrund fruchtbarer Schwarzerdeböden eine „Kornkammer" der Erde. Trockenheit und die damit verbundene Winderosion beeinträchtigen aber die Nutzung.

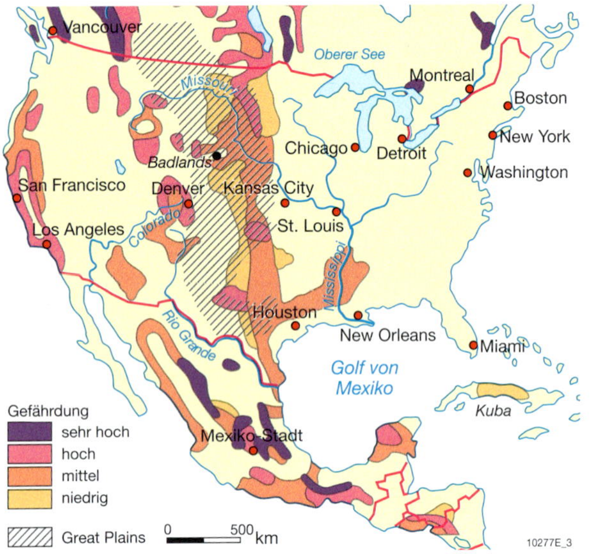

M1 Erosionsgefährdung durch Wind

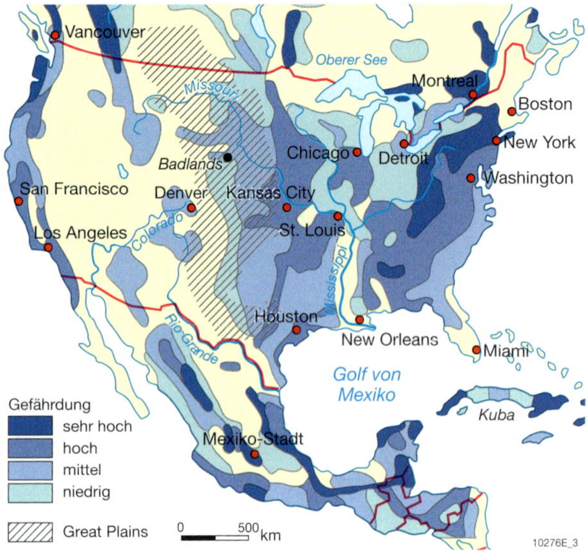

M2 Erosionsgefährdung durch Wasser

Boden in Gefahr

M3 Staubsturm in Kansas 1934

Als die Siedler begannen, die Prärien umzupflügen, dachte noch niemand an die Verletzbarkeit von „Mutter Erde", von der bislang nur die Indianer sprachen.
Vor der ersten Aussaat des Weizens rissen die Eisenpflüge die Erde tief auf und zerstörten das weit verzweigte Wurzelwerk der Gräser. Nach der Ernte war der Boden fast ein halbes Jahr den Stürmen und den kurzen, heftigen Regengüssen ungeschützt ausgesetzt. Schon wenige Jahre später rächte sich dieser Eingriff in den Naturhaushalt: In den 1930er-Jahren verdunkelten Staubstürme mit weggewehter Erde aus den Great Plains den Himmel. Selbst in New York herrschte stundenlang Dunkelheit. „Dort fliegt Amerika fort", rief ein besorgter Abgeordneter.
In den Great Plains fürchtet man auch heute noch die Erosionskraft des Windes und des Wassers. Mehr als die Hälfte der wertvollen Humusschichten sollen bereits abgetragen worden sein. In den sogenannten Badlands verhindern tiefe Erosionsrinnen im Boden eine sinnvolle landwirtschaftliche Nutzung. Durch Wind- und Wassererosion sind bis heute etwa zehn Prozent der landwirtschaftlich nutzbaren Fläche der USA verlorengegangen.

Aufgaben

1 **Beschreibe und begründe die Erosionsgefahren, die den USA drohen. Nenne die gefährdeten Bundesstaaten (Atlas).**

2 **Nenne mögliche Maßnahmen zur Eindämmung der Erosion und erläutere ihre Wirkungsweise.**

Durch folgende Maßnahmen soll die wertvolle Humusschicht gerettet werden

- Contour Ploughing: Durch Pflügen parallel zum Hang wird der Wasserabfluss gebremst und die Einsickerrate erhöht.
- Strip Cropping: streifenförmiger Anbau zeitlich unterschiedlich reifender Feldfrüchte
- Cover Crops: Anbau von bodenbedeckenden Zwischenfrüchten
- Windschutzstreifen: möglichst quer zur Hauptwindrichtung

M4 Bewässerungsfeldbau im Kalifornischen Längstal

Aufgaben

3 Die Ressource Wasser ist zu einem kostbaren Gut geworden. Erläutere.

4 Alaskas Wasser für den Süden der USA! – Für die einen ein Wunschtraum, für die anderen nicht vorstellbar. Erkläre (Atlas).

Der große Durst der USA

In keinem anderen Land der Erde gehen die Menschen so unbekümmert mit Wasser um wie in den USA. Großstädte mit beregneten Golfplätzen und künstlichen Seen werden in Trockengebieten gebaut. Jeder, der etwas auf sich hält, besitzt dort einen Swimmingpool.

Niemand fragt woher das viele Wasser kommt, dass allein für die Erzeugung der Nahrungsmittel nötig ist. Die USA haben die größte Bewässerungsfläche der westlichen Welt.

Zehn Prozent der Farmen hängen am Tropf der Bewässerungssysteme. Bislang wurde der Durst der USA vor allem aus Staudämmen und Grundwasserspeichern gedeckt. Nun gibt es aber fast nichts mehr zu stauen. Allein der Colorado muss 160 Staubecken füllen und versickert nach 2 300 Kilometern Flusslauf als salziges, giftiges Rinnsal im Boden nahe der Küste. „Der Schluck aus der Pulle ist zu groß geworden", warnen Wissenschaftler, „die Grundwasserspeicher regenerieren sich nicht mehr."

Von folgenden Maßnahmen verspricht man sich Hilfe

- Water Marketing: Statt immer mehr Obst zu produzieren, sollten die Farmer ihre vom Staat verbilligten Wasserrechte lieber an den meistbietenden Abnehmer verkaufen. Die Städte würden gerne den dreifachen Preis zahlen, wenn sie nur das Wasser bekämen.
- Einführung der Tropfenbewässerung: Dabei gelangen die Wassertropfen ohne Verdunstungsverluste direkt an die Wurzeln der Pflanzen. So könnte etwa die Hälfte des Farmwassers eingespart werden.
- Rückführung des Wassers aus Klärwerken in die Grundwasserspeicher
- Verbindung der Flüsse des Westens mit den Flüssen Alaskas und Kanadas

Info

Das Kalifornische Längstal

liegt mitten im Bundesstaat Kalifornien. Es hat die Form einer 800 Kilometer langen Wanne. Hier liegt das Zentrum der kalifornischen Landwirtschaft. Grundlage dafür ist eine gut ausgebaute Bewässerungswirtschaft (M4). Ohne Bewässerung wären große Teile des Kalifornischen Längstales Wüste. Reichliche Niederschläge fallen in der Sierra Nevada. Von dort wird das Wasser über Pipelines in Bewässerungskanäle geleitet. Riesige Pumpen sorgen dafür, dass in jeder Minute 7,5 Millionen Liter Wasser dorthin gelangen.

Wirtschaftsfaktor Tourismus

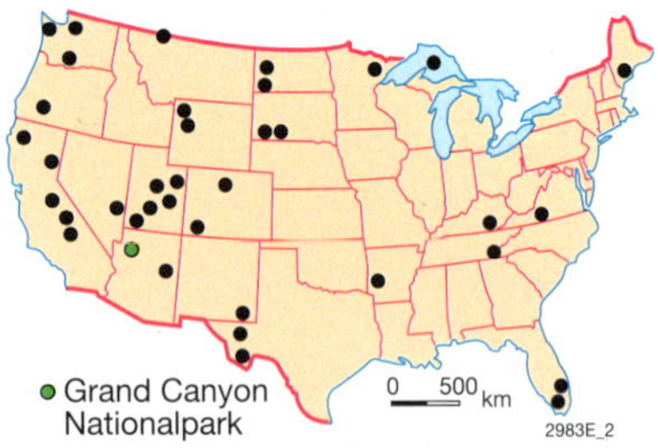

M1 Nationalparks in den USA

Info

Nationalparks

Sie befinden sich in Staatsbesitz. Vielfältige Interessenkonflikte treten auf, da in ihnen der Abbau von Bodenschätzen, der Holzeinschlag und die Jagd untersagt sind. Nur ein Teil des jeweiligen Schutzgebietes ist Besuchern zugänglich, für sie gelten strikte Verhaltensregeln.

Aufgaben

1 **Erläutere die Nationalparkidee (Text, Info-Box).**

2 **Die Besucherzahl im Grand Canyon ist auf maximal fünf Millionen pro Jahr festgelegt. Begründe.**

3 **Informiere dich im Internet über die Aussichtsplattform „Skywalk". Gib in eine Suchmaschine „Grand Canyon" und „Indianer" ein.**

Ein Indianerhäuptling segnet die gläserne Aussichtsplattform „Skywalk" (1 200 Meter über dem Talgrund).

M2 Der Grand Canyon

Reiseland USA

Der Tourismus ist ein wichtiger Wirtschaftszweig in den USA. Millionen Menschen bereisen jährlich vor allem die großen Städte im Osten und Westen sowie die Halbinsel Florida. Eine bekannte Touristenstraße der USA ist die Historic-Route 66, die erste Ost-West-Verbindung des Landes. Sie besteht nur noch in Teilabschnitten. Auf ihr zogen in den 1940er-Jahren Tausende Menschen an die Westküste, um dort ihr Glück zu finden.

Einen regelrechten Besucheransturm erleben die Attraktionen des Naturraumes. Um die faszinierenden Naturlandschaften zu schützen, wurde die Nationalparkidee geboren. Der weltweit erste Nationalpark entstand 1872 in den USA: Der Yellowstone National Park. In rund 2 000 Metern Höhe können Geysire, Schlammvulkane, Wasserfälle und Almwiesen erkundet werden. Berühmt sind auch die höchsten Bäume der Erde im Sequoia National Park (M3) und die „Westernkulisse" des Monument Valley im Süden des Bundesstaates Utah.

M3 Ein Mammutbaum kann eine Höhe von bis zu 110 Metern und ein Alter von 1 500 Jahren erreichen.

Die Everglades – einzigartig und gefährdet

Die Everglades, im Süden der Halbinsel Florida gelegen, sind ein einzigartiges Feuchtgebiet. Sie erscheinen wie ein breiter Fluss, der mit Seegras und Schilfrohr bedeckt ist. Seine Wassertiefe beträgt nur wenige Dezimeter. Hier tummeln sich zahllose Vögel und Alligatoren, die oft bis in Siedlungen vordringen. Die Everglades sind ein beliebtes Touristengebiet. Von den jährlich über 1,5 Millionen Besuchern kommen die meisten aus den nahegelegenen Städten Miami und Orlando. Mit Airboats, die einen höllischen Lärm machen, jagen sie über die Wasserfläche.
Lange galten die Everglades nur als ein gefährliches, wertloses Sumpfgebiet. Nach dem Zweiten Weltkrieg wurden große Flächen des „nutzlosen Sumpfes" trockengelegt, um Gemüse und Zuckerrohr anzubauen. Etwa zwei Drittel werden heute noch landwirtschaftlich genutzt. Ein Drittel ist seit 1947 als Everglades National Park geschützt. Durch die Trockenlegung der Umgebung sowie durch die giftigen Rückstände der intensiven Gemüse- und Zuckerrohrdüngung ist der Nationalpark schon lange bedroht.
Nicht nur die Regulierung des Wasserzuflusses und die landwirtschaftliche Nutzung stellen für die Everglades eine Bedrohung dar. Große Gefahren gehen ebenfalls von den Ölbohrungen im Golf von Mexiko aus.

M4 Mit einem Airboat durch die Everglades

Aufgabe

4 Erkläre die Überschrift: Die Everglades – einzigartig und gefährdet.

Meer und Everglades in Gefahr

Die größte Meeresumweltkatastrophe aller Zeiten ist nicht mehr aufzuhalten. Es war nie eine Frage, ob es passiert, sondern wann. Es wird sicher noch mehrere Jahrzehnte dauern, bis sich die hochsensiblen Ökosysteme an der Golfküste und der Südküste Floridas von der Ölkatastrophe erholen, wenn überhaupt. Das wahre Ausmaß des Umwelt-Super-Gaus ist noch gar nicht abzuschätzen.
(Nach: www.stiftung-meeresschutz.org/meer, 07.06.2010)

Öl aus dem Golf in den Atlantik?

Eine Computersimulation US-amerikanischer und Kieler Ozeanforscher zeichnet ein Alptraum-Szenario. Das in den Golf von Mexiko strömende Öl könnte schon bald in den Golfstrom und damit weit hinaus in den Nordatlantik gelangen, wo es sich mit hoher Geschwindigkeit weiter verteilen würde. Auch an Abschnitte der Ostküste der USA könnte es geschwemmt werden.
(Nach: www. welt. de/ wissenschaft/umwelt, 08.06.2010)

Brennende Ölplattform „Deepwater Horizon"

Die Ölpest

Am 20. April 2010 explodierte die Bohrplattform „Deepwater Horizon" im Golf von Mexiko und versank. Millionen Liter Öl strömten monatelang ins Meer. Das Öl bedrohte sensible Ökosysteme an der gesamten Golfküste und sowie die Küste Floridas.

M5 Everglades und Golfküste in Gefahr

METHODE

Worldmapper-Karten auswerten

Worldmapper – das „wahre" Bild der Erde

„Bilder sagen mehr als tausend Worte ..." Dieses Motto machen sich Forscher von der Universität Sheffield zunutze. Sie weisen auf globale Entwicklungsunterschiede nicht mit Statistiken, sondern mit neuartigen Weltkarten hin.
Das Prinzip dieser Karten besteht darin, dass die Kontinente und Länder der Erde, die von Entwicklungen oder Krisen stärker betroffen sind, auch größer dargestellt werden; nur wenig oder gar nicht betroffene Regionen schrumpfen.
Die Karten sind verzerrt und wirken fast unwirklich. Aber ihre Stärke besteht darin, dass sie globale Ungerechtigkeiten und das Elend von Milliarden Menschen anschaulicher darstellen als Zahlen oder Berichte.

(Nach: www.rp-online.de/public/article/digitale/internet/403167/Das-wahre-Bild-der-Erde.html, 12.02.09)

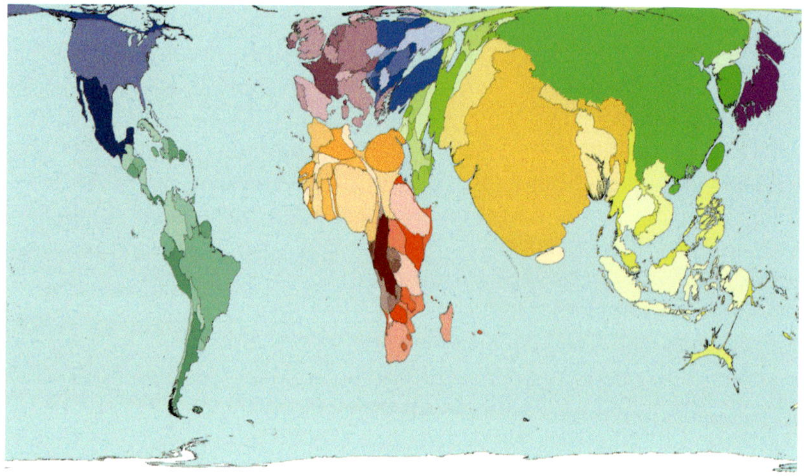

M1 Weltbevölkerung (www.worldmapper.org, 20.12.08)

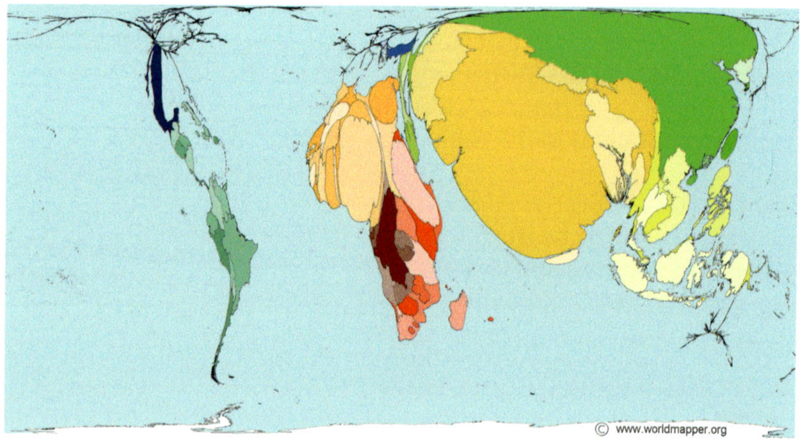

M2 Armut: Menschen, denen maximal 2 US-$/Tag zur Verfügung stehen (www.worldmapper.org, 20.12.08)

www.worldmapper.org

Aufgabe

1 **Suche im Internet weitere Karten zu dich interessierenden Themen auf. Vergleiche sie mit Weltkarten aus deinem Atlas.**

So gehst du vor

1. Lies die Worldmapper-Karte. Beschreibe vor allem die Größenverhältnisse.
2. Werte die Karte aus, indem du sie mit einer entsprechenden Atlaskarte vergleichst.
3. Begründe die unterschiedlichen Größenverhältnisse.

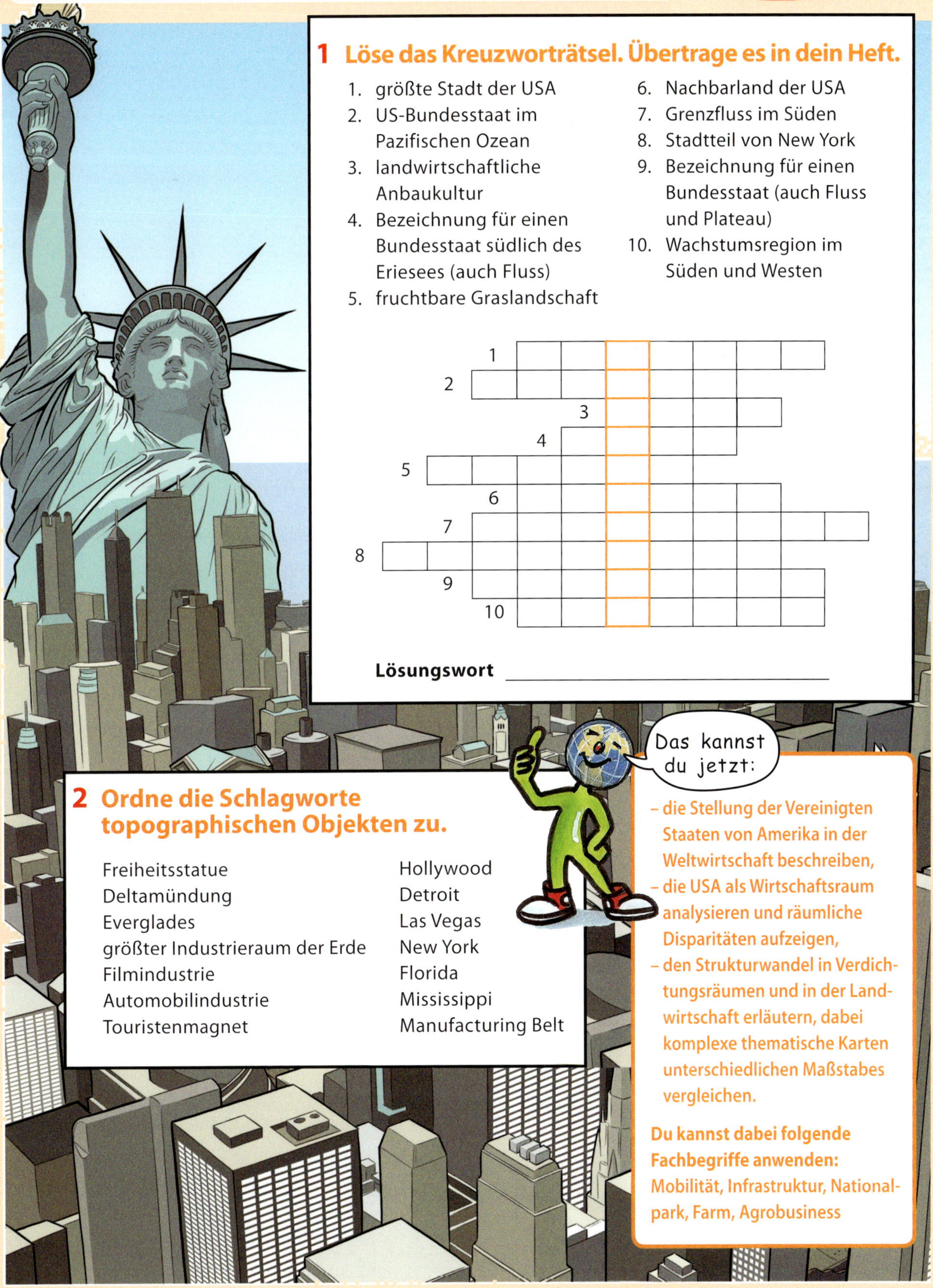

1 Löse das Kreuzworträtsel. Übertrage es in dein Heft.

1. größte Stadt der USA
2. US-Bundesstaat im Pazifischen Ozean
3. landwirtschaftliche Anbaukultur
4. Bezeichnung für einen Bundesstaat südlich des Eriesees (auch Fluss)
5. fruchtbare Graslandschaft
6. Nachbarland der USA
7. Grenzfluss im Süden
8. Stadtteil von New York
9. Bezeichnung für einen Bundesstaat (auch Fluss und Plateau)
10. Wachstumsregion im Süden und Westen

Lösungswort ______________________

2 Ordne die Schlagworte topographischen Objekten zu.

Freiheitsstatue	Hollywood
Deltamündung	Detroit
Everglades	Las Vegas
größter Industrieraum der Erde	New York
Filmindustrie	Florida
Automobilindustrie	Mississippi
Touristenmagnet	Manufacturing Belt

Das kannst du jetzt:

- die Stellung der Vereinigten Staaten von Amerika in der Weltwirtschaft beschreiben,
- die USA als Wirtschaftsraum analysieren und räumliche Disparitäten aufzeigen,
- den Strukturwandel in Verdichtungsräumen und in der Landwirtschaft erläutern, dabei komplexe thematische Karten unterschiedlichen Maßstabes vergleichen.

Du kannst dabei folgende Fachbegriffe anwenden:
Mobilität, Infrastruktur, Nationalpark, Farm, Agrobusiness

ON THE
WAY TO
EUROPE
1986
1951
1957

nalysieren und erläutern

Europäische Union 78

Blick auf Europa 78

Einen Naturraum im Team analysieren 81 METHODE

Wirtschaftsraum Europa 82

Die EU und ihre Ziele 84

Euroregionen – Zusammenarbeit grenzenlos 88

Gewusst – gekonnt 90 ALLES KLAR

Die Europahymne

„Ode an die Freude“

(volkstümlich: „Freude schöner Götterfunken“)

Die Europahymne ist der Neunten Symphonie Ludwig van Beethovens von 1823 entnommen. Für den letzten Satz dieser Symphonie vertonte Beethoven ein 1785 entstandenes Gedicht von Friedrich Schiller, das den Wunsch nach Brüderlichkeit unter allen Menschen ausdrückt. Die Hymne erklingt bei vielen Veranstaltungen.

- natur- und kulturgeographische Merkmale Europas beschreiben,
- die wirtschaftsräumliche Gliederung Europas erläutern,
- die Bedeutung der Europäischen Union – auch für dein eigenes Leben – analysieren,
- die wirtschaftliche Entwicklung in der Europäischen Union beschreiben, dabei Karten vergleichen.

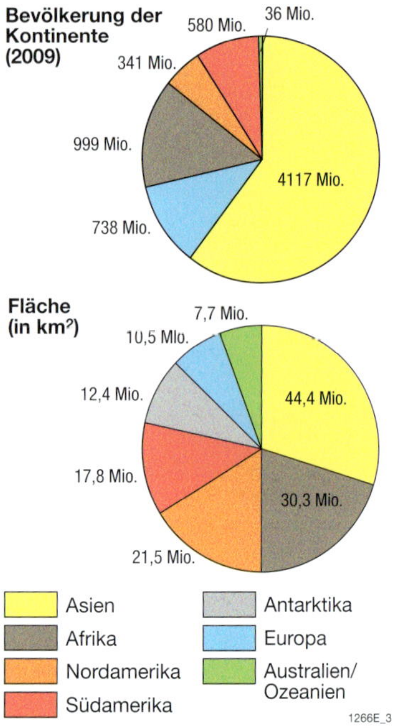

M1 Die Kontinente im Vergleich

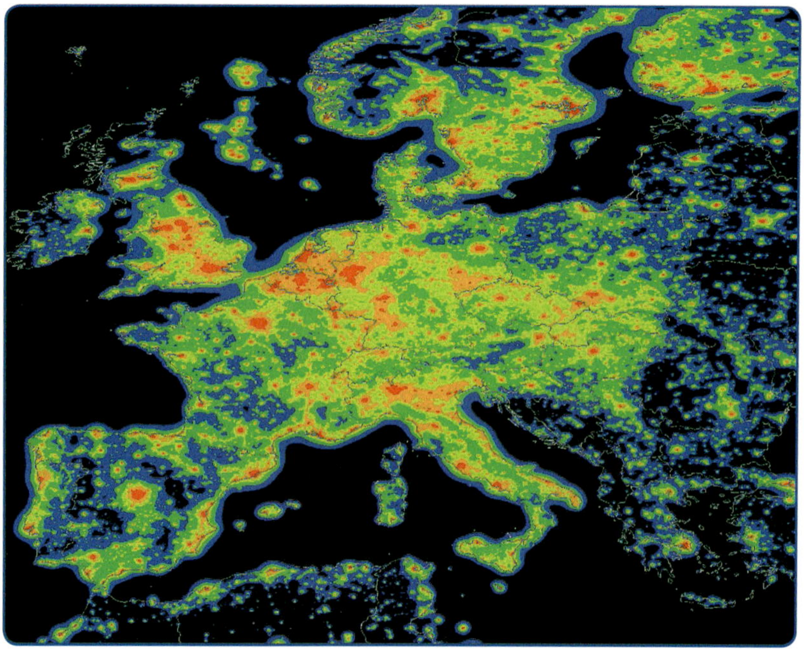

M2 Europa bei Nacht

Blick auf Europa

Aufgaben

1. **Beschreibe die Lage Europas.**
2. **Vergleiche die Kontinente nach Flächengröße und Bevölkerungszahl.**
3. **Nenne Staaten, in denen sich die in M2 erkennbaren roten Bereiche befinden (M2).**

„Europa ist uneinheitlich und eigentlich nur eine zerfranste Halbinsel Asiens", sagte der Geograph Alexander von Humboldt (1769 – 1859). Zusammen mit Asien bildet Europa die Landmasse Eurasien. Die Grenze zwischen beiden Erdteilen verläuft entlang des Uralgebirges, des Uralflusses und durch die Manytschniederung.

Das europäische Festland nimmt 6,6 Millionen Quadratkilometer ein, der Rest verteilt sich auf Inseln und Halbinseln. Kein anderer Kontinent weist eine so starke Gliederung mit Gebirgen und Tiefländern auf engem Raum auf wie Europa. Europa ist ein dicht besiedelter Kontinent. Ein Blick aus dem Weltall bei Nacht macht dies in besonderer Weise deutlich.

Paolo Veronese: Raub der Europa

Fern von Griechenland, im asiatischen Phönizien (heute Libanon und Syrien), wuchs die wunderschöne Europa heran. Eines Tages kam Europa mit ihren Gefährtinnen zum Spiel aus dem Palast ihres Vaters. Sie suchte Zerstreuung und Geselligkeit, denn ein furchtbarer Traum hatte sie gequält: Sie war in einen fremden Erdteil entführt worden.
Europas Traum wurde tatsächlich wahr. Zeus, der Göttervater, verwandelte sich in einen Stier und entführte das schöne Mädchen nach Kreta. Dort lebte sie lange Zeit als Königin an seiner Seite. So ging eine Weissagung der Königin Aphrodite in Erfüllung: „Unsterblich sollst du künftig sein, Europa, denn der Erdteil, der dich aufgenommen hat, soll für alle Zeiten deinen Namen tragen."

(Nach: G. Schwab: Griechische Sagen)

in der germanischen Sprachfamilie	niederländisch: moeder plattdeutsch: moder schwedisch: moder
in der slawischen Sprachfamilie	russisch: match tschechisch: matka
in der romanischen Sprachfamilie	lateinisch: mater französisch: mère portugiesisch: mae italienisch: madre spanisch: madre

M3 Das Wort „Mutter" in drei Sprachfamilien

M4 Jedes Jahr am 26. September findet der Europäische Tag der Sprachen statt.

Vielfalt und Einheit in der Kultur

Musik verbindet. Diese „Sprache" versteht man überall in Europa. Die Verständigung zwischen den Völkern des Kontinents bereitet darüber hinaus Schwierigkeiten, denn in den 45 Staaten werden mehr als 70 Sprachen gesprochen. Heute lernen die Schülerinnen und Schüler überall in Europa die Weltsprache Englisch, in vielen Ländern auch Spanisch und Französisch. In den meisten Ländern Europas wird nach dem lateinischen Alphabet geschrieben.

Europas Kulturraum entwickelte sich vor allem aus den Hochkulturen der Griechen und Römer. Mit den Entdeckungsreisen der Spanier und Portugiesen, später auch der Engländer, Franzosen und Niederländer, verbreitete sich die europäische Kultur auf fast allen Kontinenten. Dies hatte weitreichende Folgen für die eroberten Gebiete.
Heute ist Europa ein wichtiger Teil der globalisierten Welt.

Aufgaben

4 **Erläutere gemeinsame Merkmale der Kultur Europas.**

5 **Nenne vorherrschende Sprachfamilien und Religionen. Ordne ihnen Länder zu. Nutze den Atlas.**

6 **Informiere dich über den Europäischen Tag der Sprachen (Internet).**

Was Europa verbindet

1. **Religion:** Eine wichtige Klammer, die das „europäische Haus" zusammenhält, ist das Christentum.
   Ab dem 4. Jahrhundert begann von Rom aus die Missionierung des Kontinents.
2. **Kunst und Architektur**: Europäische Kirchen und Schlösser wurden zu bestimmten Zeiten oft nach ähnlichen Bauplänen errichtet. Auch die typischen Stilelemente von Malerei und Musik waren in ganz Europa bekannt und wurden teilweise nachgeahmt.
3. **Sprache:** Ab dem 4. Jahrhundert wurde Latein die Sprache der Kirche und der Gelehrten. Die heutigen Sprachen haben gemeinsame Wurzeln.
4. **Staatsform und Wertvorstellungen:** Fast alle europäischen Staaten bekennen sich zur Demokratie, einer Staatsform, die bereits vor über 2000 Jahren in Griechenland entstand. Das moderne Europa verbindet ferner das Bekenntnis der Völker zur Beachtung der Freiheit und Menschenwürde.

M5 Deutsche und französische Hauswirtschaftsschülerinnen arbeiten gemeinsam im Lycée Professionnel in Langres nördlich von Dijon

Europäische Union

Info

Naturraumpotenzial

Darunter wird die Gesamtheit der von der Natur bereitgestellten natürlichen Ressourcen wie Boden, Wasser, Relief, klimatische Voraussetzungen, aber auch bergbauliche und pflanzliche Rohstoffe verstanden. Das Naturraumpotenzial ist für bestimmte Nutzungen durch den Menschen von Interesse.

Aufgaben

1 **Analysiere die Naturraumausstattung Europas (M1 und Atlas).**

2 **Schätze das Naturraumpotenzial Europas für eine landwirtschaftliche Nutzung, den Tourismus und Industrieansiedlungen ein. Nutze dazu thematische Karten im Atlas. Fertige eine Tabelle an.**

3 **Vergleiche das Naturraumpotenzial Europas mit dem eines anderen Kontinents deiner Wahl.**

Arbeitsheft

Naturraumausstattung Europas in Stichpunkten

Geologischer Bau und Relief

- Nord- und Osteuropa: ehemaliger Urkontinent (Russische Tafel, Baltischer Schild), älteste Teile Europas
- Britische Inseln, West-Skandinavien (z.B. Schottisches Hochland, Skandinavisches Gebirge): Reste des in der frühen Erdaltzeit entstandenen Kaledonischen Faltengebirges, glaziale Abtragungsgebiete im Pleistozän
- Tieflandsgebiete Mittel- und Osteuropas (z.B. Norddeutsches Tiefland, Osteuropäisches Tiefland): glaziale Ablagerungsgebiete im Pleistozän
- Mittelgebirgslandschaft in zentralen Teilen (z.B. Zentralmassiv, Schwarzwald, Harz): Bruchschollengebirge, Bruch und Heraushebung von Resten des Variskischen Gebirges aus der späten Erdaltzeit im Tertiär
- Hochgebirge im südliches Mitteleuropa, Süd- und Südosteuropa (z.B. Alpen, Pyrenäen, Karpaten): alpidischer Faltengebirgsgürtel, Entstehung im Tertiär

Fazit
Europa weist im Vergleich zu den anderen Kontinenten die durchschnittlich geringste Höhenlage auf. Das Relief ist Ergebnis des Zusammenwirkens endogener und exogener Prozesse.

Klima

- der größte Teil Nord- und Mitteleuropas, kühlgemäßigtes Klima, von Süd nach Nord geringer werdende Monatsmitteltemperaturen infolge abnehmender Sonneneinstrahlung, von West nach Ost mit wachsender Meeresferne zunehmende Kontinentalität
- weitere klimabeeinflussende Faktoren: Höhenlage, Golfstrom
- Mittelmeerraum mit subtropischem Klima (Winter: mild und feucht, Sommer: heiß und trocken)

Fazit
Das Klima Europas wird überwiegend durch die Lage in der Westwindzone bestimmt. Verschiedene klimabeeinflussende Faktoren bringen vielfältige Differenzierungen hervor.

Böden und Vegetation

- Europas Böden sind Ergebnis der Verwitterung unterschiedlicher Ausgangsgesteine und der Ablagerung durch exogene Kräfte
- Abfolge der Vegetation von Nord nach Süd: Tundra, borealer Nadelwald (Taiga), Misch- und Laubwald, Hartlaubgewächse; Differenzierung durch Relief und Boden; natürliche Vegetation fehlt weitgehend

Fazit
Die Abfolge der natürlichen Vegetation entspricht im Wesentlichen der der Klimazonen. Die natürliche Vegetation, die den Kontinent einst bedeckte, ist kaum noch vorhanden. Europa ist bestens für die landwirtschaftliche Nutzung geeignet.

Einen Naturraum im Team analysieren

METHODE

So geht ihr vor

1. Phase
Bildet Stammgruppen mit drei Mitgliedern. Ordnet jedem Gruppenmitglied eurer Stammgruppe ein Unterthema zu.

2. Phase
Alle mit dem gleichen Unterthema bilden nun eine neue Gruppe. Bearbeitet das Unterthema in der Expertenrunde.

3. Phase
Kehrt in eure Stammgruppen zurück. Teilt euer Spezialwissen den anderen Gruppenmitgliedern mit.

M1 Phasen der Gruppenbildung

Info

Gruppenpuzzle

Bei einem Gruppenpuzzle wird das Gesamtthema in Unterthemen gegliedert, mit denen sich dann jeweils ein Mitglied der Gruppe auseinandersetzt und somit zum Experten wird. Im Austausch mit den Experten desselben Teilthemas werden die Ergebnisse verbessert, ergänzt oder gefestigt. Anschließend präsentiert jeder seine Erkenntnisse und Materialien in seiner Stammgruppe. Das Themen-Puzzle wird somit zusammengefügt.

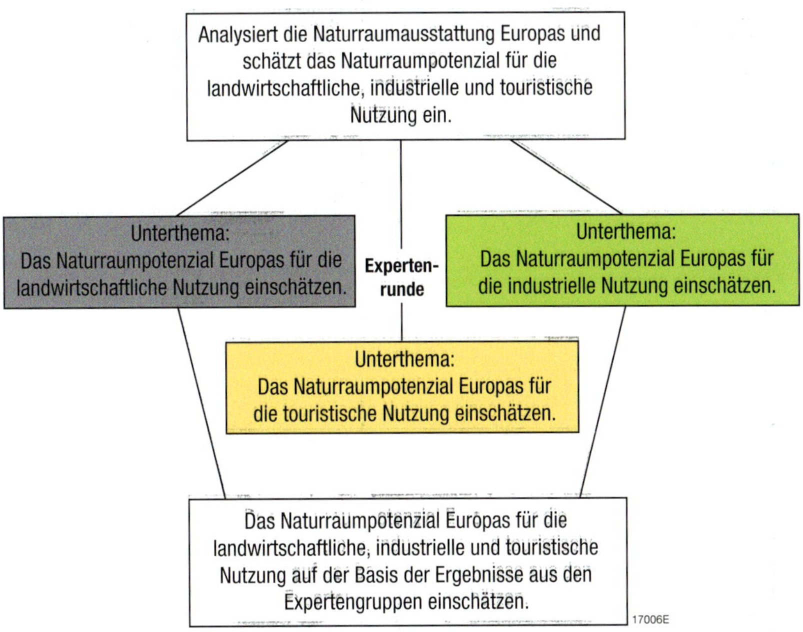

M2 Beispiel: Analyse der Naturraumausstattung und des Naturraumpotenzials Europas in Form eines Gruppenpuzzles

M3 Regel zur Teamarbeit

Wirtschaftsraum Europa

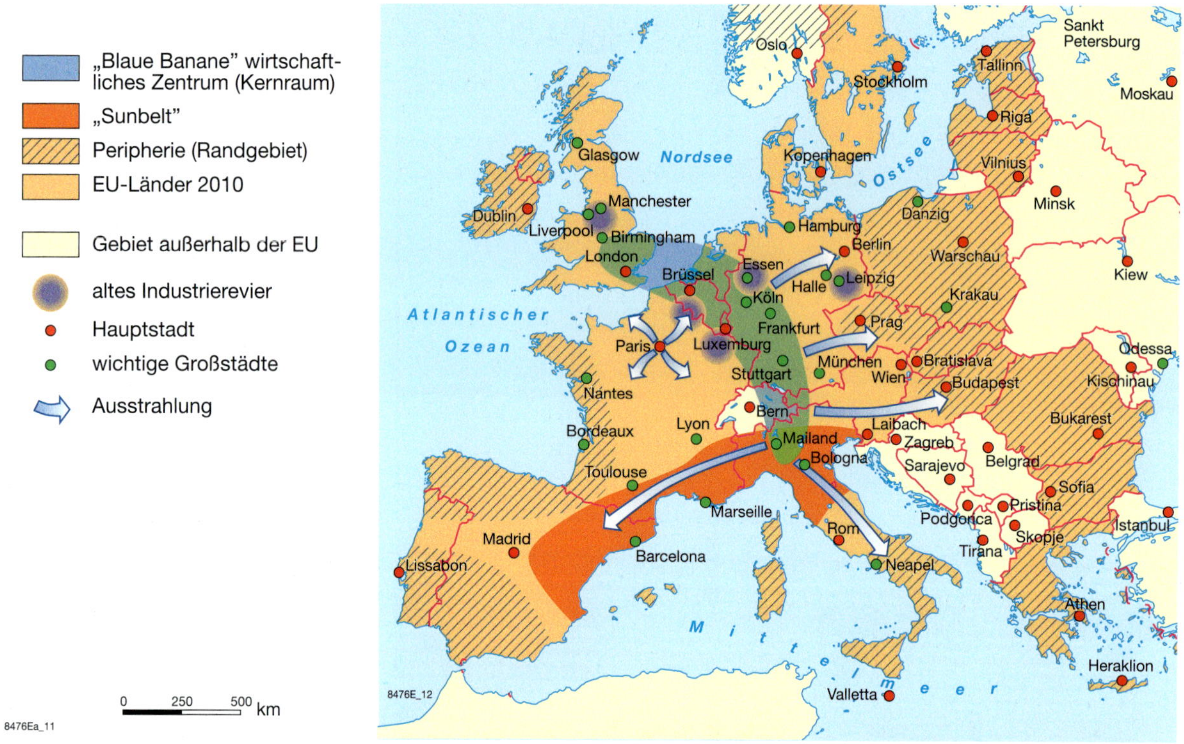

M1 Wirtschaftliche Entwicklungsachsen Europas

Aufgaben

1. Weise nach, dass der Wirtschaftsraum Europa Disparitäten aufweist.
2. Nenne Standortfaktoren, die die Entwicklung des Sunbelt begünstigen.
3. Ordne die Beispiele von S. 83 den Begriffen „Zentrum" und „Peripherie" zu. Nutze dazu auch M1.

Zentren und Peripherien

Der Wirtschaftsraum Europa weist regionale Disparitäten auf. Wirtschaftlich entwickelten Gebieten (Zentren und Wachstumsregionen) stehen zahlreiche strukturschwache Räume (periphere oder Randgebiete) gegenüber. Solche Gegensätze sind auch innerhalb vieler europäischer Länder zu finden.

Das wirtschaftliche „Rückgrat" Europas bilden zwei Entwicklungsachsen: Die eine zieht sich als breites Band in Form einer Banane quer durch Zentraleuropa und wird durch alte und neue Industrieregionen wie Mittelengland, das Ruhrgebiet und Oberitalien bzw. Stuttgart markiert. In dieser Region befindet sich auch der größte europäische Finanz- und Bankenplatz London. Diese Stadt ist der wichtigste wirtschaftliche Knotenpunkt innerhalb der Entwicklungsachse „Blaue Banane". Neben London gibt es weltweit nur zwei Städte mit einer ähnlichen Bedeutung: New York und Tokio. In London wird europaweit das höchste BIP/Kopf erzielt.
Eine neue dynamische Entwicklungsachse ist der „Sunbelt" entlang der Mittelmeerküste, der sich durch Standortvorteile wie angenehmes Klima, Meeresnähe und einen hohen Wohn- und Erholungswert auszeichnet.
Nicht so günstig werden die Chancen der Randgebiete für eine schnelle wirtschaftliche Entwicklung eingeschätzt. Zu diesen Räumen zählen Teile des südlichen Mittelmeerraumes und Teile von Ost- und Südosteuropa.

Bullring Shopping Center in Birmingham

Birmingham

Birmingham gehört seit dem 19. Jahrhundert zu den bedeutendsten Industriestädten Europas. Durch einen erfolgreichen Strukturwandel entwickelte die Stadt sich zu einer lebenswerten Metropole.
Ihre gute Infrastruktur als Straßen- und Eisenbahnknotenpunkt mit einem modernen Flughafen zählt zu den Standortvorteilen der Stadt. Heute verfügt sie über eine vielfältige Industrie und einen leistungsfähigen Dienstleistungssektor (z. B. Druck- und Verlagsgewerbe, Tourismus).

Messe in Barcelona

Barcelona

Barcelona liegt im europäischen Sunbelt, in dem neben Forschungseinrichtungen und Industriebetrieben vor allem der Tourismus und die wachsende Zahl von Alterswohnsitzen von Bedeutung sind.
Barcelona ist auch ein bedeutender Hafen- und Messestandort. In der Stadt befindet sich der zweitgrößte Hafen Spaniens. In den zwei Messezentren der Stadt finden jährlich große nationale und internationale Messen, Kongresse und Ausstellungen statt.

Landwirtschaft in Rumänien

Rumänien

Die Landwirtschaft ist für die rumänische Wirtschaft von zentraler Bedeutung. Rund 30 Prozent der Erwerbstätigen sind dort beschäftigt. Mehr als 60 Prozent der Flächen werden landwirtschaftlich genutzt. Der private Sektor erwirtschaftet rund 85 Prozent der landwirtschaftlichen Erzeugung. Rumänien strebt eine marktwirtschaftlich orientierte Umstrukturierung seiner Agrarindustrie an.

Die EU und ihre Ziele

Die Europaflagge ist das Symbol der Europäischen Union und der Einheit Europas. Der Kreis der zwölf goldenen Sterne steht für die Verbundenheit der Völker Europas. Die Zahl Zwölf wurde gewählt, weil sie seit jeher für Vollkommenheit und Einheit steht.

- Europäischer Rat (Brüssel)
- Europäische Kommission und Ministerrat (Brüssel)
- Europäischer Gerichtshof (Luxemburg)
- Europäischer Rechnungshof (Luxemburg)
- Europäisches Parlament (Straßburg)
- Europol (Den Haag)

M1 Flagge und Organe (Institutionen) der Europäischen Union

Die Europäische Union (EU) ist eine Gemeinschaft von Staaten. Ihre Mitgliedsländer wollen in Fragen der Politik, der Gesellschaft, der Wirtschaft und der Kultur enger zusammenarbeiten. Was bringt aber eine solche Zusammenarbeit?

Stelle dir ein Boot vor, in dem du zusammen mit einigen anderen sitzt. Jeder hat ein Ruder und will das Boot in eine andere Richtung bewegen. Das Ergebnis ist klar: Nichts bewegt sich.
Um das „Boot EU" in eine von allen Mitgliedern gewünschte Richtung zu lenken, versuchen die Mitgliedsländer wichtige Aufgaben und Probleme gemeinsam zu lösen. Auf diese Weise würde sich die Lebensqualität aller Europäer verbessern.

Früher musste man an der Grenze unter Umständen lange Wartezeiten für die Ausweis- und Fahrzeugkontrolle in Kauf nehmen. Heute sind innerhalb der Europäischen Union Grenzkontrollen weggefallen.
Waren werden nun im Europäischen Binnenmarkt ausgetauscht, ohne dass Zollgebühren erhoben werden. Der 2002 eingeführte Euro ist für die Mitgliedsländer ein sichtbares Zeichen der Zusammengehörigkeit. Über die Geldstabilität wacht die Europäische Zentralbank in Frankfurt am Main. Die Vorteile einer gemeinsamen Währung erfährst du persönlich, wenn du ein anderes Euro-Land besuchst.

Aufgaben

1 **Nenne Ziele der Europäischen Union.**

2 **Werte die Karte M1 aus.**

Arbeitsheft

www. europa.eu

fächer-über-greifend

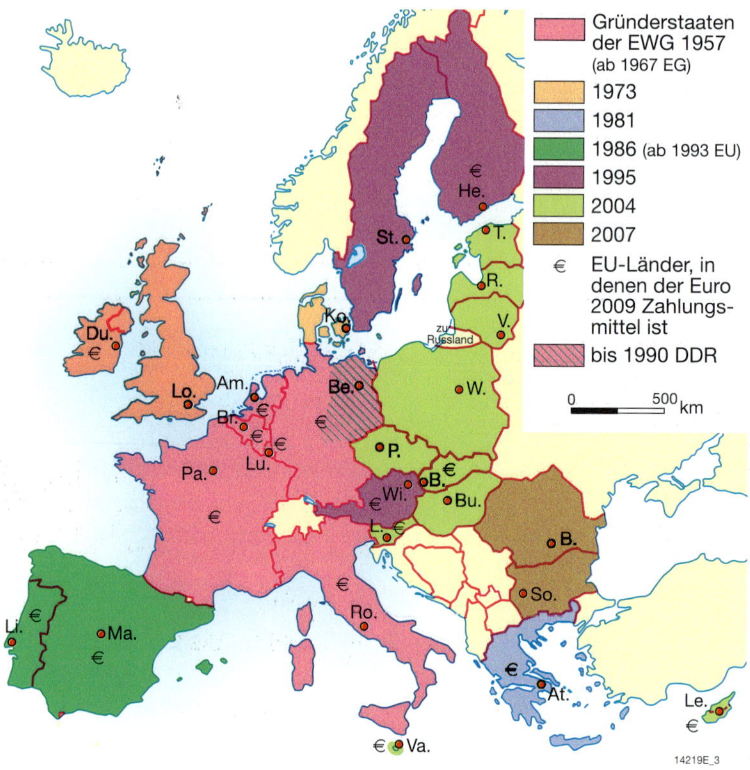

M2 Mitgliedsländer der EU

Zukunftschancen in der EU

M4 Europäischer Binnenmarkt – vier Freiheiten

M3 Karikatur

Arbeiten im Nachbarland

Kurz vor Ende meiner Lehrzeit sah ich in meinem Ausbildungsbetrieb an einer Informationstafel einen Aushang: „Holland sucht deutsche Zimmerer! …". Mein Ausbilder konnte damals noch nicht sagen, ob mich mein Betrieb in Hannover übernehmen würde. Da dachte ich: Es kann nur besser werden … Ich wollte dazulernen, einen festen Arbeitsplatz haben und mehr verdienen. Deshalb ging ich nach Holland und ich muss sagen: Die Leute dort sind sehr nett. Ich wurde von meinen Arbeitskollegen gut aufgenommen. Es ist allerdings schade, dass ich meine Eltern nur noch zwei- bis dreimal im Jahr sehe.

(Nach: Chrismon. Das evangelische Magazin, Nr. 9/2001, S. 54)

Aufgaben

3 **Beschreibe die vier Freiheiten, die der europäische Binnenmarkt bietet. Beziehe auch den Kastentext und M4 ein.**

4 **Informiere dich im Internet über Ausbildungs- und Arbeitsmöglichkeiten in der EU.**

Europäisches Jugendportal

JUGEND für Europa
Deutsche Agentur für das EU-Programm JUGEND IN AKTION

webforum-jugend.de
Das Internet-Portal von JUGEND für Europa

Dein Online-Auslandsberater

IJAB Fachstelle für Internationale Jugendarbeit der Bundesrepublik Deutschland e.V.

M5 Internetportale zum Thema „Arbeiten im Ausland"

www.europa.eu/youth
www.webforum-jugend.de
www.rausvonzuhaus.de
www.ijab.de
www.jugendfuereuropa.de
www.arbeitsagentur.de
(→ Bürgerinnen & Bürger → Zwischen Schule und Beruf → Möglichkeiten im Ausland)

M1 London und Ostpolen – Regionen mit sehr hohem und sehr niedrigem BIP pro Einwohner (siehe M2).

Info

EU-Regionen

Die Europäische Union hat auf der Grundlage der Verwaltungsgrenzen ein System zur regionalen Gliederung des EU-Gebietes festgelegt. Es gibt eine grobe, mittlere und feine Einteilung in Regionen.

Beispiel Deutschland:

- grobe Einteilung in Bundesländer (NUTS 1-Ebene)
- mittlere Einteilung in Regierungsbezirke, Stadtstaaten, kleinere Flächenstaaten (NUTS 2-Ebene)
- feine Einteilung in Landkreise, Stadtkreise und kreisfreie Städte (NUTS 3-Ebene)

Die Einteilung der EU in Regionen erleichtert die Erhebung statistischer Daten (z. B. Einwohnerzahl, Bruttoinlandsprodukt pro Einwohner). Diese Daten nutzen die EU-Institutionen, wenn politische Entscheidungen getroffen werden, zum Bei-spiel, wenn es um die finanzielle Unterstützung sogenannter „armer" Regionen geht.

„Reiche" und „arme" Regionen in der EU

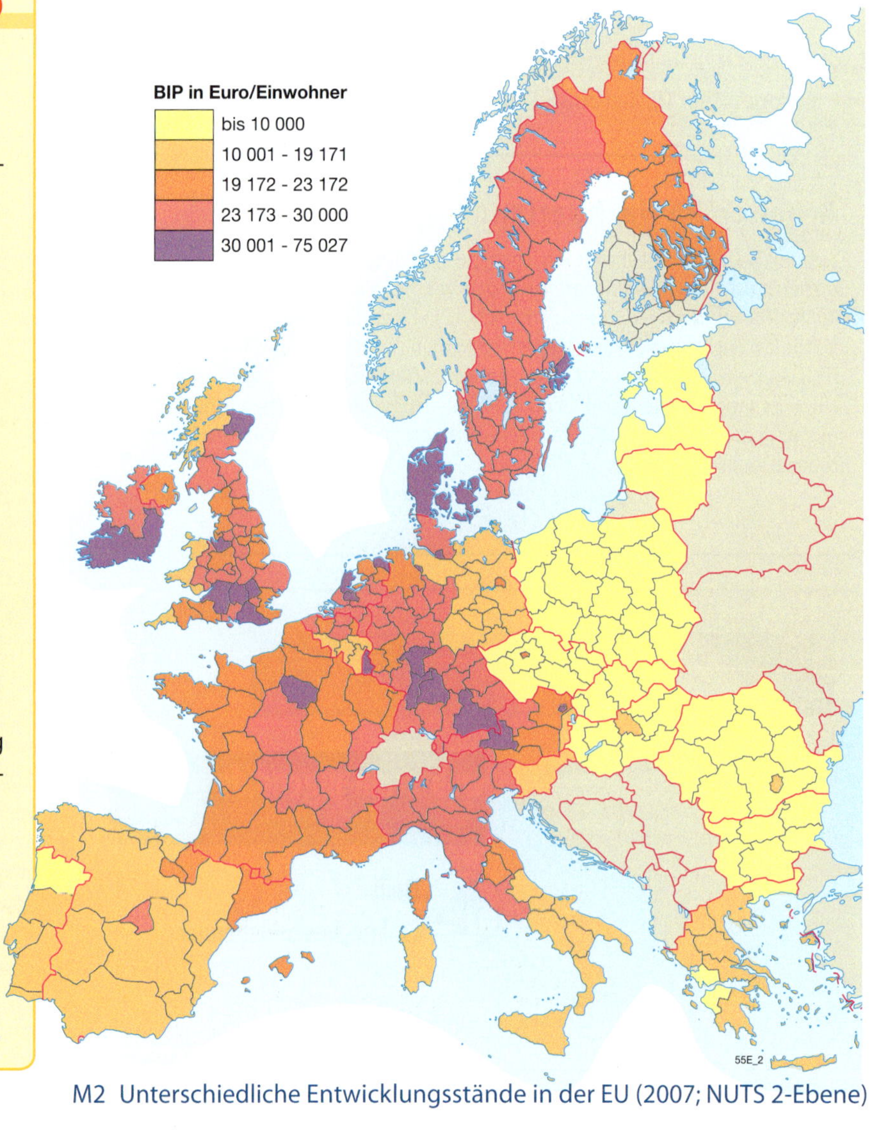

M2 Unterschiedliche Entwicklungsstände in der EU (2007; NUTS 2-Ebene)

Hilfen für benachteiligte Gebiete

Der EU-Haushalt ist zwischen den EU-Mitgliedsländern stets heftig umstritten und wird erst nach langer Diskussion verabschiedet. Die zwei größten Haushaltsposten betreffen alljährlich den Agrarsektor sowie die Fördermaßnahmen zur Strukturanpassung. Letztere dienen dem Ziel, das Wohlstandsgefälle zwischen den Regionen der EU abzubauen, indem die strukturschwachen Regionen unterstützt werden.
In der Förderperiode von 2007 bis 2013 stehen in verschiedenen Fonds zusammen über 308 Mrd. Euro Fördermittel zur Verfügung. Mit den Fonds werden regionale Wachstumsprogramme unterstützt und Anreize zur Schaffung neuer Arbeitsplätze gegeben.
In die EU-Förderregion Sachsen-Anhalt fließen in den Jahren 2007 bis 2013 insgesamt 3,4 Milliarden Euro aus den verschiedenen EU-Fonds.

M3 Investitionsvorhaben am Geiseltalsee, gefördert von der EU

Die Europäische Union versteht sich als Solidargemeinschaft. Das heißt sie sorgt dafür, dass die Stärkeren den Schwächeren helfen, dass den ärmeren Regionen mehr Gelder zufließen als den reicheren. Dadurch soll den Menschen in den benachteiligten Gebieten zu einem Lebensstandard verholfen werden, wie er in anderen Gebieten selbstverständlich ist.

(Nach: C. D. Grupp Sechs – Neun – Zehn – Zwölf; Köln 1986, S. 61)

Aufgaben

1 **Nenne fünf „reiche“ und fünf „arme“ Regionen der EU. (M2, Atlas).**

2 **Berichte über Förderschwerpunkte der EU in Sachsen-Anhalt. Nutze das Internet.**

www.www.sachsen-anhalt.de

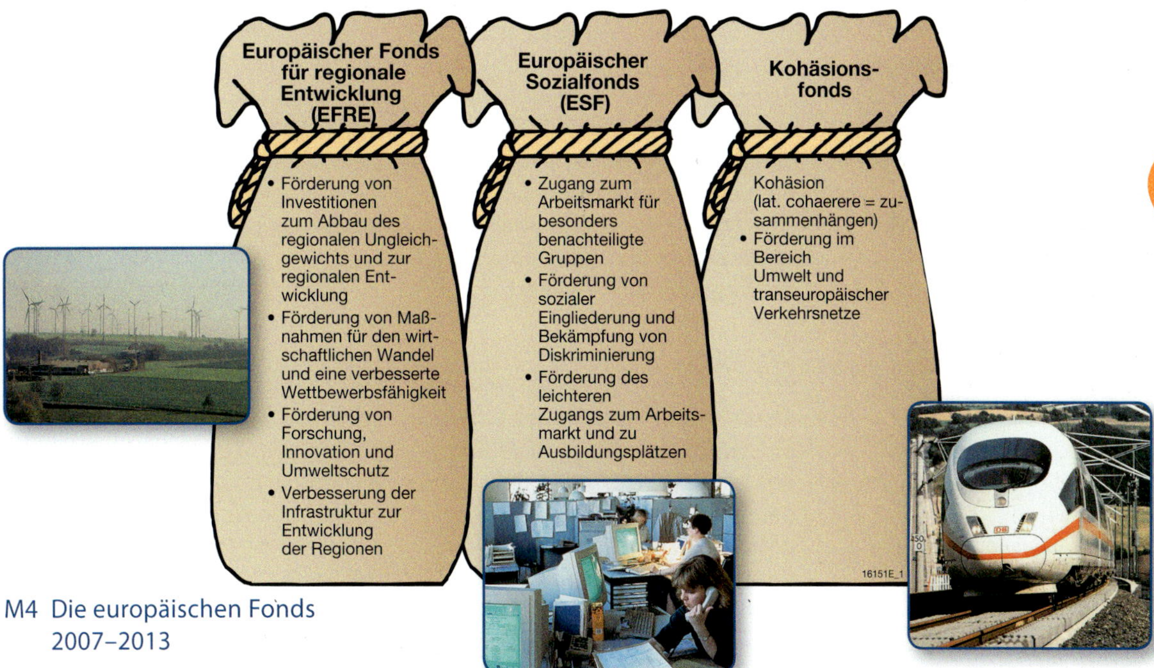

M4 Die europäischen Fonds 2007–2013

Sozialkunde

Euroregionen – Zusammenarbeit grenzenlos

Info

Euregio

Euregios oder Euroregionen gibt es an den Binnen- und den Außengrenzen der EU. In diesen Gebieten wird grenzüberschreitende Zusammenarbeit in den unterschiedlichsten Bereichen durchgeführt, zum Beispiel in Wirtschaft, Verkehr, Kultur, Sport, Arbeitsmarkt und Bildung. Die erste grenzüberschreitende Zusammenarbeit gab es 1958 im Raum Gronau (D)/Enschede (NL). Diese Region nannte sich EUREGIO. Die Bezeichnung wurde auf andere grenzüberschreitende Projekte übertragen.

M1 INTERREG – Förderung von Europas Grenzregionen

INTERREG

EUREGIO

M2 Logo einer Euregio

Aufgaben

1 **Erläutere den Begriff „Euregio".**

2 **Liste Bereiche und Aufgabengebiete auf, die mit dem EU-Programm INTERREG gefördert werden.**

Arbeitsheft

Alle EU-Staaten haben sich mit ihrem Eintritt in die Union dem Ziel verpflichtet, dass nationale Grenzen kein Hindernis mehr für eine ausgewogene Entwicklung sein sollen. Das ist ein hochgestecktes Ziel, das erst allmählich verwirklicht werden kann.

Grenzgebiete zwischen Staaten zeigen immer zwei Probleme auf: Erstens stellt jede Grenze einen Einschnitt bzw. eine Zerteilung des Wirtschafts- und Kulturraums dar. Zweitens wurden Grenzgebiete in der Vergangenheit von der nationalen Politik aufgrund der Lage am Rand des Staatsgebiets häufig vernachlässigt.

Mit jeder Erweiterung der EU wurden ehemalige Außengrenzen der Staaten zu Binnengrenzen der EU. Die finanzielle Förderung der zahlreichen Euroregionen ist daher von großer Wichtigkeit.

Zur Verbesserung der Situation in den Grenzregionen stellt die EU mit dem Programm INTERREG Fördermittel bereit. Die Unterstützung der Zusammenarbeit an den Grenzen der EU-Länder bezieht sich vor allem auf die Zusammenarbeit von Unternehmen, die Erweiterung des Arbeitsmarktes und auf verbesserte Kontakte der Bürger untereinander.

M3 Im Oderbruch

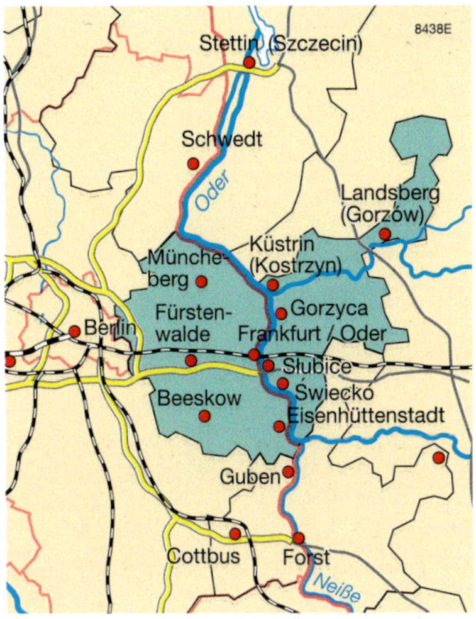

M4 Die Euroregion „Pro Europa Viadrina“

Euroregion „Pro Europa Viadrina“

Euroregionen übernehmen wichtige Aufgaben im Transitverkehr. So verläuft die Hauptverkehrsachse zwischen Rotterdam und Moskau durch die Euroregion „Pro Europa Viadrina“. Jährlich passieren über 140 Millionen Menschen und etwa 50 Millionen Fahrzeuge die deutsch-polnische Grenze. Jeder Dritte wird an einem der sechs Übergänge der Euroregion abgefertigt. Die Hauptlast (fast 40 Prozent) fällt dabei auf den Straßenübergang Frankfurt/Swiecko. Viele gemeinsame Entwicklungsprojekte zielen deshalb darauf ab, die Infrastruktur und die Logistik zu verbessern.

Beide Regionen sind landwirtschaftlich geprägt. Es gibt einzelne Industriezentren.
Die Industriestruktur ist zum Teil ähnlich, teilweise ergänzt sie sich aber auch. Im polnischen Teil dominiert die rohstoff- und arbeitsintensive Produktion mit geringeren Lohnkosten. Ergänzend dazu haben sich westlich der Oder kapital- und wissenschaftsintensive Zentren entwickelt. Beiden mangelt es in der Region an Absatzmöglichkeiten, sodass ein großes Interesse daran besteht, den nur 70 Kilometer entfernten Berliner Markt und westeuropäische Partner zu beliefern.

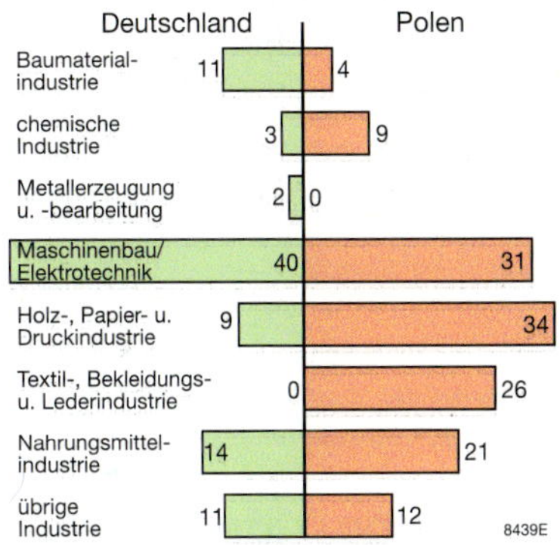

M5 Verteilung der Betriebe des verarbeitenden Gewerbes in der Euroregion

Konzeption der Euroregion

Die Euroregion „Pro Europa Viadrina“ (das bedeutet „über die Oder zu Europa“) entstand am 21. Dezember 1993 durch den Zusammenschluss des Vereins der polnischen Gemeinden von Lebus und Gorzów mit den im Verein „Mittlere Oder e.V.“ verbundenen deutschen Gemeinden. Hauptziel ist es, die grenzüberschreitende Zusammenarbeit zu verbessern. Dafür wurde ein Sekretariat mit Sitz in Frankfurt/O., Gorzów und Słubice gebildet, dem die Arbeitsgruppen Projektmanagement, Tourismus und Wirtschaft angehören.

Aufgaben

3 **Beschreibe die Lage der Euroregion „Pro Europa Viadrina“.**

4 **Ermittle die auf der Linie Rotterdam – Moskau liegenden Wirtschaftszentren, mit denen die Euroregion „Pro Europa Viadrina“ verbunden ist (Atlas).**

Gewusst – gekonnt

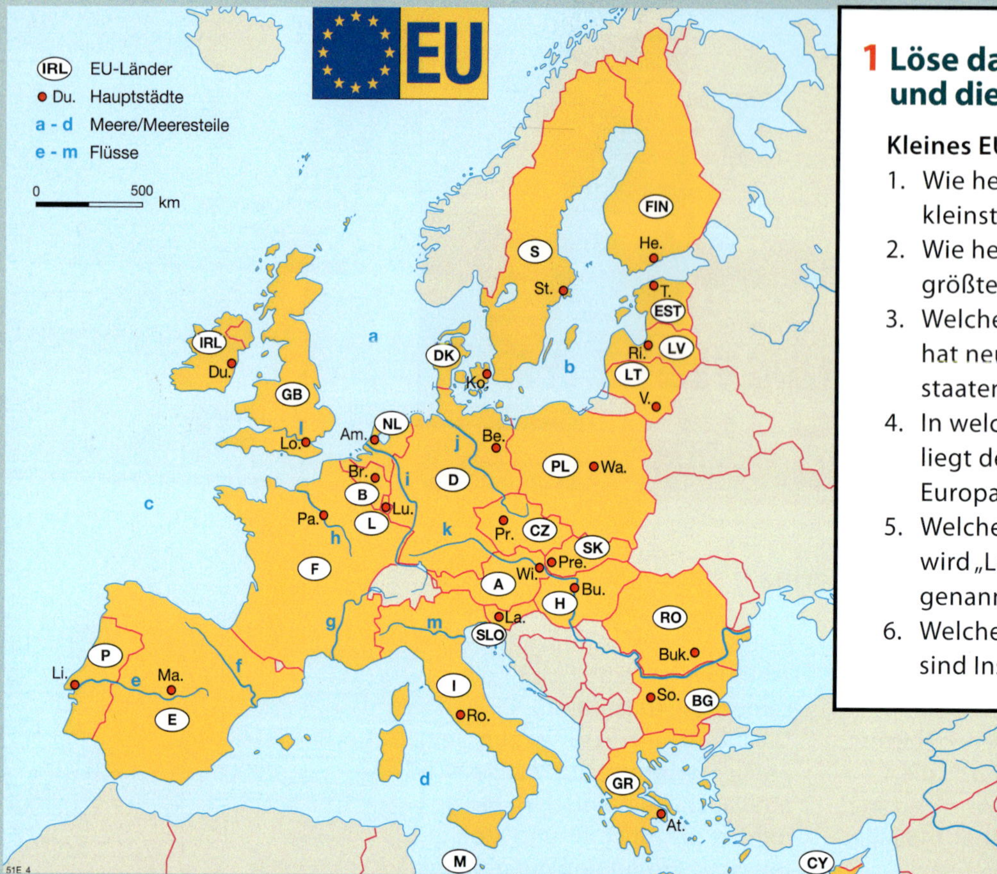

1 Löse das EU-Quiz und die Übungskarte.

Kleines EU-Quiz

1. Wie heißt das flächenkleinste Land der EU?
2. Wie heißt das flächengrößte Land der EU?
3. Welches Land der EU hat neun Nachbarstaaten?
4. In welchem EU-Land liegt der höchste Berg Europas?
5. Welches Land der EU wird „Land der Seen" genannt?
6. Welche Länder der EU sind Inseln?

2 Bringe Ordnung in den Buchstabensalat.

Suche aus den Buchstabenblöcken jeweils zehn europäische Städte und Flüsse (von links nach rechts oder von oben nach unten gelesen; (Ä = AE, Ü = UE). Ermittle die dazugehörigen Staaten.

Zehn Flüsse

G	E	L	B	D	K	D	U	S	H	C
B	S	C	K	A	R	E	S	O	S	B
R	W	E	I	C	H	S	E	L	D	A
P	O	L	K	C	E	H	L	I	O	F
T	L	A	T	E	I	O	B	A	N	T
Q	G	U	H	L	N	C	E	U	A	M
D	A	K	E	F	U	T	K	E	U	E
X	S	I	M	U	F	A	Z	T	B	F
Z	D	B	S	C	H	J	R	T	N	R
M	R	I	E	B	R	O	N	L	I	S
U	X	J	Z	D	L	O	I	R	E	X

Zehn Städte

A	C	O	D	R	D	B	P	I	G	X
M	F	Z	X	B	M	C	A	W	E	H
O	L	M	G	H	E	P	R	A	M	A
F	O	H	S	N	F	O	I	R	N	C
Q	N	M	B	R	U	E	S	S	E	L
T	D	T	H	R	S	K	B	C	G	M
S	O	S	L	O	H	D	C	H	M	A
X	N	F	E	M	O	S	K	A	U	D
D	B	E	R	L	I	N	A	U	D	R
A	T	Q	S	O	L	K	B	P	F	I
B	U	K	A	R	E	S	T	L	T	D

ALLES KLAR

3 Löse das „Kolosseum“-Rätsel. Nutze dein Arbeitsheft.

1. Stadt, in der der Europarat tagt
2. Gegenteil von Peripherie
3. Symbole in der Europaflagge
4. Region mit grenzüberschreitender Zusammenarbeit

Lösung

____

4 Nur eine Antwort ist richtig. Kreuze sie an. Nutze dein Arbeitsheft.

1. In welchem Land ist der Euro nicht die offizielle Währung?
   - ☐ Polen
   - ☐ Malta
   - ☐ Slowakei
   - ☐ Portugal

2. Seit wann ist Rumänien EU-Mitglied?
   - ☐ 1986
   - ☐ 1995
   - ☐ 2004
   - ☐ 2007

3. Welches europäische Land ist nicht EU-Mitglied?
   - ☐ Finnland
   - ☐ Norwegen
   - ☐ Schweden
   - ☐ Dänemark

4. Wofür steht der Begriff „Euregio“?
   - ☐ Europäisches Parlament
   - ☐ Europäischer Rechnungshof
   - ☐ Grenzüberschreitende Zusammenarbeit
   - ☐ Europäische Politik

- Europa und seine Potenziale für eine vielfältige Nutzung beschreiben,
- die Verteilung von Zentren und Peripherien im Wirtschaftsraum Europa mithilfe von Karten analysieren, dabei auch Deutschland und Sachsen-Anhalt einordnen,
- Maßnahmen zum Abbau räumlicher Disparitäten in der Europäischen Union erläutern,
- Möglichkeiten des europäischen Arbeitsmarktes für deine eigene berufliche Entwicklung reflektieren.

Du kannst dabei folgende Fachbegriffe anwenden:
Europäische Union (EU), Euroregion, Transit

5 Werte die Karikatur aus. Nutze die Schrittfolge von S. 20.

Wirtschaftsraum Deutschland und Raumplanung

- Deutschland nach seiner wirtschaftlichen Nutzung gliedern,
- den Wandel von Wirtschaftssektoren und von Standortfaktoren beschreiben,
- einen Wirtschaftsstandort analysieren,
- Raumordnung und -planung als Mittel der Raumgestaltung erläutern,
- eine Raumplanungsmaßnahme erkunden und auf einer Exkursion deinen Realraum analysieren.

Wirtschaftsräumliche Gliederung 94
Sektoren der Wirtschaft 96
Primärer Sektor: Landwirtschaft 98
Sekundärer Sektor: Industrie 100
Ruhrgebiet – Industrie und Dienstleistungen 102
Eine Standortanalyse durchführen 107 METHODE
Tertiärer Sektor: Beispiel Frankfurt – „Bankfurt" 108
Raumplanung – warum und durch wen? 110
Metropolregion Mitteldeutschland 114
Eine Pro- und Kontra-Diskussion durchführen 118 METHODE
Eine Raumplanungsmaßnahme erkunden und bewerten 120 METHODE
Eine Raumanalyse vor Ort durchführen 122 METHODE
Ergebnisse präsentieren 124 METHODE
Gewusst – gekonnt 125 ALLES KLAR

M1 In Berlin am Potsdamer Platz

M1 Verdichtungsraum Frankfurt/M.

M2 Agrarraum

M3 Erholungsraum

Wirtschaftsräumliche Gliederung

Für die wirtschaftsräumliche Gliederung eines Landes wird als ein Abgrenzungskriterium die Produktionsstruktur herangezogen. Darin kommt zum Ausdruck, welche Wirtschaftsbereiche und -zweige vertreten sind und welche Anteile sie an der Gesamtproduktion haben. Auf diese Weise können unterschiedliche Wirtschaftsräume ausgegliedert werden: Industrieräume, die meist Verdichtungs- oder Ballungsräume sind (siehe S. 110). Daneben Agrarräume, die auch als ländliche Räume bezeichnet werden, und Erholungsräume. Deutschland ist ein Industrieland mit einer leistungsfähigen Landwirtschaft.

Die wirtschaftsräumliche Gliederung Deutschlands zeigt M4. Räumliche Disparitäten sind sowohl innerhalb Deutschlands, insbesondere zwischen Ost- und Westdeutschland, als auch innerhalb der einzelnen Bundesländer zu verzeichnen. Auch in Sachsen-Anhalt gibt es Disparitäten. Die Städte Halle und Magdeburg sind mit ihrem jeweiligen Umland Verdichtungsräume. Sie sind außerdem in die Metropolregion Mitteldeutschland eingebunden (siehe S. 112 und 114). Das übrige Sachsen-Anhalt wird dem ländlichen Raum zugeordnet. Daneben können zahlreiche Erholungsräume ausgegliedert werden (M4).

M4 Wirtschaftsräumliche Gliederung Deutschlands

Aufgabe

1 **Beschreibe die wirtschaftsräumliche Gliederung Deutschlands und begründe sie (Atlas).**
Arbeitsheft

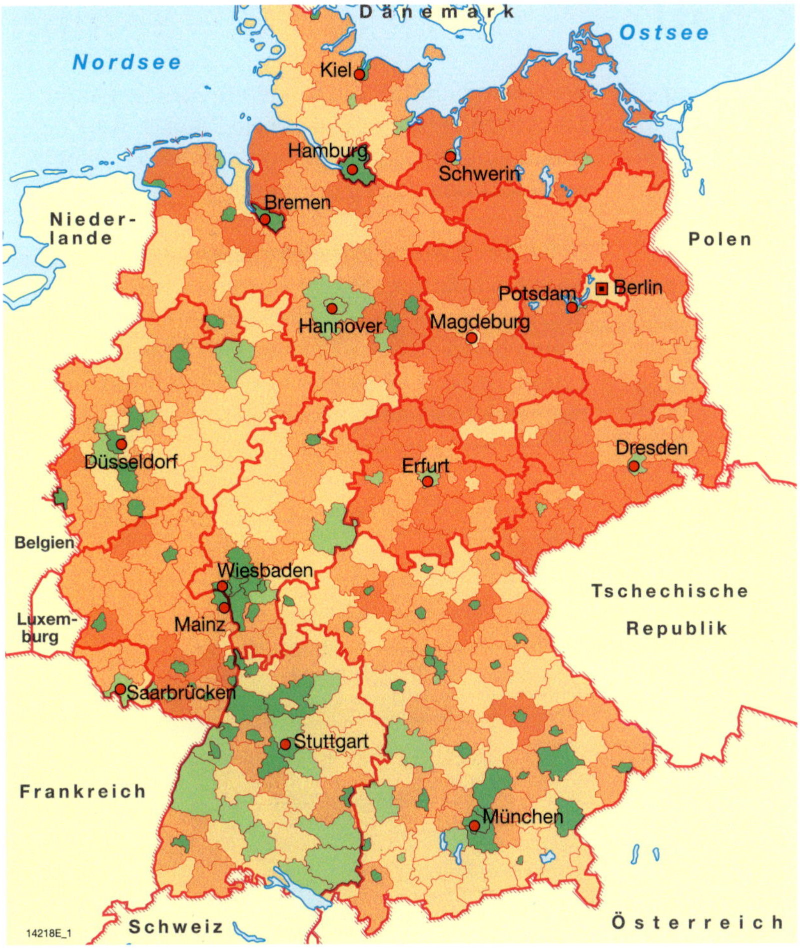

Bruttoinlandsprodukt (BIP)

- bis 15000 €
- 15000 – 20000 €
- 20000 – 24500 €
- 24500 – 27500 €
- über 27500 €

- Staatsgrenze
- Ländergrenze
- Kreisgrenze

M5 Deutschland: Wirtschaftskraft (BIP pro Kopf) nach Regionen

Die Wirtschaftskraft weist sowohl im Westen als auch im Osten Deutschlands erhebliche kleinräumige Unterschiede auf. In Westdeutschland bestehen Unterschiede zwischen den großstädtisch geprägten Räumen (z. B. Hamburg, Düsseldorf-Köln, Frankfurt/Main, Stuttgart, München) und den eher peripher gelegenen ländlichen Gebieten (z. B. Ostfriesland, Eifel, Hunsrück, Bayerischer Wald). In den neuen Bundesländern erreicht kein Kreis den westdeutschen Durchschnitt. Das macht deutlich, dass die mangelnde Wirtschaftskraft in den neuen Bundesländern ein flächendeckendes Problem darstellt. Die Arbeitnehmereinkommen betragen im Durchschnitt nur rund 80 Prozent des Westniveaus.
Auch wenn es in Ostdeutschland mittlerweile einzelne wirtschaftliche Wachstumsregionen gibt (z. B. Berlin, Halle-Leipzig, Dresden, Jena, Zwickau), so bleibt der Ost-West-Gegensatz doch typisch für die wirtschaftliche Raumstruktur Deutschlands.

(Nach: Braun, Boris: Wirtschaftsstruktureller Wandel und regionale Entwicklung in Deutschland.

M6 Regionale Unterschiede der Wirtschaftskraft

Info

Faktoren, die den Wirtschaftsstandort Deutschland charakterisieren

Positive Faktoren

- gute Infrastruktur, guter Marktzugang
- gut ausgebildete Arbeitskräfte
- hochwertige Forschungseinrichtungen
- zentrale Lage innerhalb des Wirtschaftsraumes Europa
- gute Standortpolitik und Verlässlichkeit

Negative Faktoren

- verhältnismäßig hohe Arbeits- und Energiekosten
- wenig flexibles Arbeits-, Sozial- und Steuerrecht
- kurze Arbeitszeiten

Alle neuen Bundesländer leiden unter massiven demographischen Problemen: Über 1,5 Millionen, vor allem junge und talentierte Menschen, sind seit der Wende abgewandert, darunter deutlich mehr Frauen als Männer. Wer zurückbleibt, ist oft sozial- und einkommensschwach. Demographische Probleme ziehen somit ernste wirtschaftliche Probleme nach sich.

Berlin-Institut 2007

Aufgaben

2 **Erkläre, warum vor allem junge Menschen von Ost- nach Westdeutschland abwandern.**

3 **Beschreibe Disparitäten in Deutschland.**

Arbeitsheft

Sektoren der Wirtschaft

Die Wirtschaft wird durch die Zusammenfassung ähnlicher Wirtschaftsbereiche in drei Sektoren gegliedert (siehe S. 97 M2).
Die deutsche Wirtschaft befindet sich seit den 1950er-Jahren in einem Strukturwandel. Der primäre und der sekundäre Wirtschaftssektor sind weiterhin von Bedeutung. Der Anteil des tertiären Sektors am Bruttoinlandsprodukt und an der Gesamtzahl der Beschäftigten vergrößerte sich. Die Gründe dafür sind vielfältig. Zahl und Art von Dienstleistungen, die die Menschen in Anspruch nehmen, steigen mit zunehmendem Wohlstand. Viele Arbeiten werden nicht mehr selbst erledigt, sondern man lässt sie von Firmen durchführen.

Weiterhin benötigt die steigende Zahl von alten Menschen verschiedene soziale Dienste. Aufgrund eines erhöhten Bildungsstandards steigt die Nachfrage nach (Fort-)Bildung und Kulturangeboten.
Neuerdings wird aus dem tertiären Sektor häufig noch ein quartärer Sektor ausgegliedert, der die hoch qualifizierten Dienstleistungen umfasst. Hier bieten beispielsweise die Bereiche Telekommunikation, Banken, Versicherungen, Forschung und Biotechnologie neue Arbeitsplätze.

M1 Sektoren der Wirtschaft

Wirtschaftssektoren	Wirtschaftsbereiche	Aufgaben
Primärer Sektor	■ Landwirtschaft ■ Forstwirtschaft ■ Fischerei ■ Bergbau (ohne Aufbereitung)	■ Gewinnung natürlicher Ressourcen
Sekundärer Sektor	■ Bergbau (Aufbereitung von Bergbauprodukten) ■ Energie- und Wasserwirtschaft ■ verarbeitendes Gewerbe/Industrie ■ Baugewerbe	■ Verarbeitung von Materialien und Umwandlung in Güter
Tertiärer Sektor	■ Handel und Verkehr ■ Kredit- und Versicherungsunternehmen ■ Wohnungsvermietungen ■ sonstige Dienstleistungsunternehmen ■ Staat (Gebietskörperschaften, Sozialversicherung) und Organisationen ohne Erwerbscharakter	bevölkerungsbezogene Dienstleistungen ■ Groß- und Einzelhandel ■ Medien und Unterhaltung ■ Kultur und Sport ■ Bildungs- und Gesundheitswesen
Quartärer Sektor	■ hochwertige Dienstleistungen wie Forschung und Entwicklung, Finanzierungen, Beratung	■ Verarbeitung von Informationen und Wissen ■ hochrangige Entscheidungen und Transaktionen ■ unternehmensbezogene Dienstleistungen

M2 Gliederung und Funktionen der Wirtschaftssektoren und Wirtschaftsbereiche (Auswahl)

Stellenmarkt „Volksstimme“

17./18. Mai 2010 Gesucht werden: Vertriebsmanager/in – Technische(r) Verkäufer/in – Dachdecker/innen – Datenbank-Administrator/in – Altenpfleger/in – Rechtsanwaltsfachangestellte/r – Verkäufer/in – Steuerfachangestellte(r) – Bilanzbuchhalter/in – Bankkaufleute – Koch/Köchin – Softwareentwickler/in – Sozialarbeiter/in – Zahnarzthelfer/in.

M3 Ein Blick in den Stellenmarkt einer Zeitung ergibt ein klares Bild: Gesucht werden vor allem qualifizierte Kräfte im Dienstleistungsbereich.

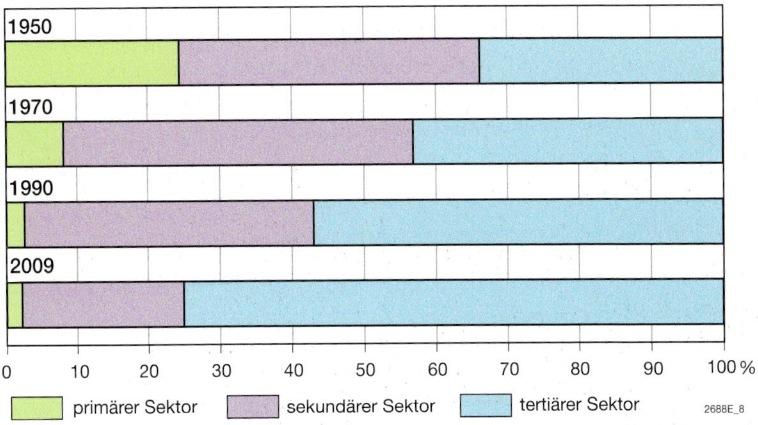

M4 Entwicklung der Beschäftigten in den drei Wirtschaftssektoren in Deutschland

Aufgaben

1 **Industriekaufmann, Bergmann, Altenpflegerin, Orthopädiemechaniker, Verwaltungsfachangestellte, Winzer, Mediendesigner, Gärtnerin, Goldschmiedin, Zweiradmechaniker, Heilpraktiker und Kindergärtnerin. Erstelle eine Liste mit drei Spalten für die Wirtschaftssektoren und ordne die genannten Berufe richtig ein.**

2 **Ermittle Berufswünsche in deiner Klasse. Ordne sie Wirtschaftssektoren zu.**

3 **Liste Dienstleistungen auf, die du im Laufe einer Woche in Anspruch nimmst.**

Primärer Sektor: Landwirtschaft

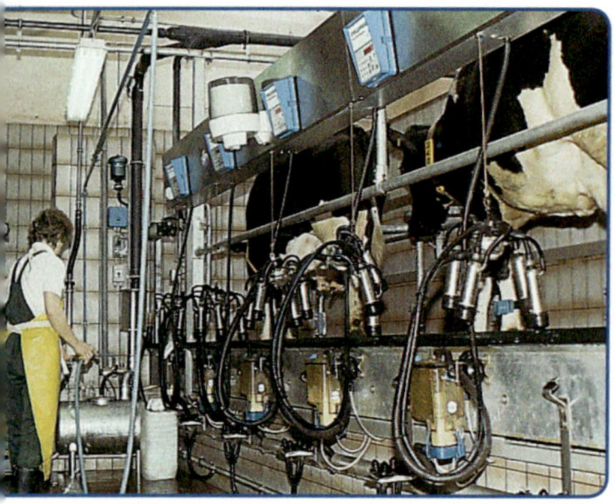

M1 Computertechnik an jedem Melkplatz

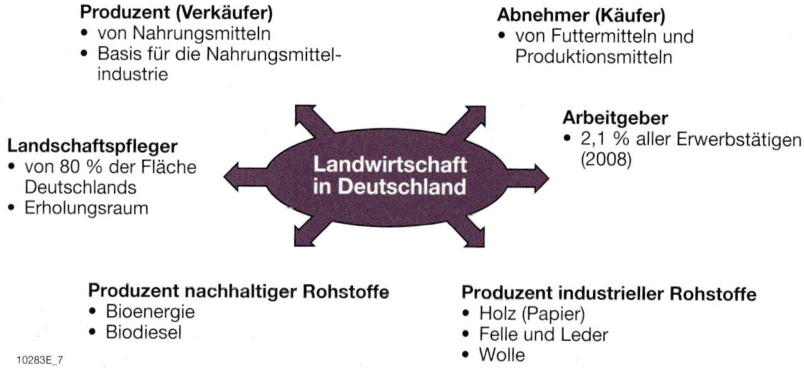

M2 Aufgaben und Wirtschaftsbereiche der Landwirtschaft

Landwirte stellen sich um

In den vergangenen 50 Jahren hat sich in der Landwirtschaft Deutschlands viel verändert. Heute werden in der Landwirtschaft immer größere Flächen bewirtschaftet. Neben einem immer stärkeren Maschineneinsatz führten die Verwendung von Mineraldünger und Pflanzenschutzmitteln sowie die Züchtung neuer Pflanzen zur Ertragssteigerung im Ackerbau.
Die Bauern halten zudem mehr Tiere als früher, die mehr Milch geben oder die schneller ihr Schlachtgewicht erreichen.
Futtermischungen werden genau berechnet und den Tieren automatisch zugeteilt. Computer sind heute von modernen Bauernhöfen nicht mehr wegzudenken. Diese Entwicklung spart zwar Arbeitskosten, die Anschaffung der Maschinen ist aber sehr teuer. Der damit verbundene Kostenaufwand zwingt die Bauern zur Spezialisierung auf den Ackerbau oder die Tierhaltung.
Viele Bauern haben die Landwirtschaft auch aufgegeben und ihre Ländereien verpachtet oder verkauft.

M3 Computergestützer Ackerbau

Aufgaben

1 **Ermittle wichtige Landwirtschaftsgebiete in Deutschland (Atlas).**

2 **Vergleiche die Aufgaben der Landwirtschaft in hoch entwickelten Ländern mit denen in Entwicklungsländern.**

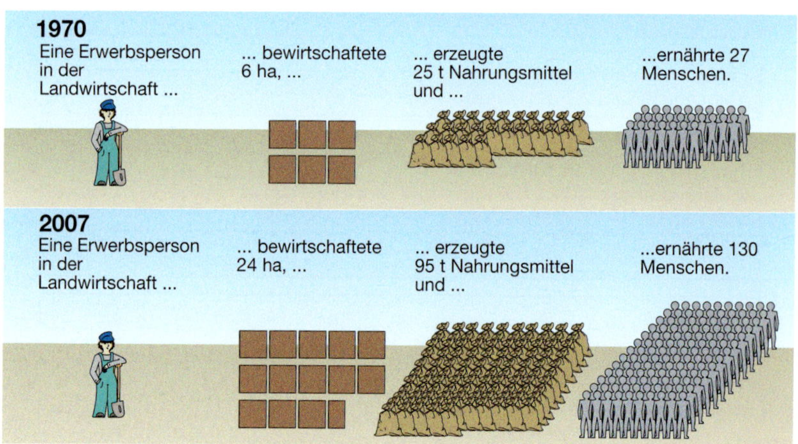

M4 Veränderungen in der deutschen Landwirtschaft

M5 Urlaub auf dem Bauernhof. 4,4 Millionen Menschen verlebten 2008 hier ihren Urlaub.

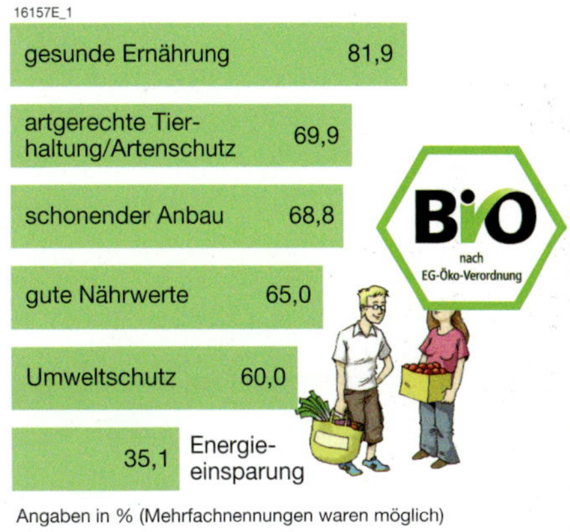

M6 Was die Bundesbürger mit „Bio" verbinden

Landwirtschaft im 21. Jahrhundert – wohin führt der Weg?

Die Verbraucher fordern heute von den Bauern eine umweltschonende Landbewirtschaftung. Damit verbunden sind die Pflege der Landschaft, eine artgerechte Tierhaltung und die Erzeugung von hochwertigen und „gesunden" Nahrungsmitteln. Die ökologische Landwirtschaft ist mit hohen Kosten verbunden. Gleichzeitig möchten die Verbraucher möglichst günstig einkaufen. Trotzdem wird „Bio" immer mehr von den Kunden nachgefragt. Das zeigen die stetig steigenden Umsätze von Lebensmitteln aus ökologischem Anbau.

Das Einkommen der Landwirte bleibt seit Jahrzehnten hinter dem Durchschnittseinkommen der Bevölkerung zurück. Die Bauern reagieren auf diese Entwicklung und beschreiten neue Wege: Manche spezialisieren sich, andere wirtschaften ökologisch und vermarkten ihre Erzeugnisse selbst. Wiederum andere richten auf ihren Höfen Pensionen für „Urlaub auf dem Bauernhof" ein. Viele Bauern bewirtschaften ihre Höfe im Nebenerwerb. Sicher ist, dass wir auch in Zukunft die Landwirtschaft brauchen.

M7 Energie vom Feld: Rapsfeld und Windräder

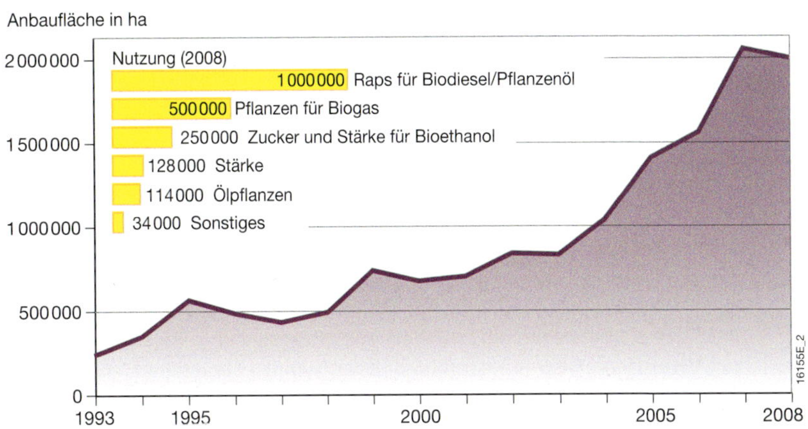

M8 Anbauflächen für nachwachsende Rohstoffe in Deutschland

Aufgaben

3 **Beschreibe die Veränderungen in der Landwirtschaft.**

4 **Diskutiert in Lerngruppen über die ökologische Landwirtschaft. Stellt Vorteile und Nachteile gegenüber.**

M1 BMW-Werk in Leipzig

Sekundärer Sektor: Industrie

Verdichtungsräume – bevorzugte Regionen

In Deutschland befinden sich die meisten Industriebetriebe in Verdichtungsräumen. Mehr als die Hälfte aller Industriebeschäftigten arbeitet hier.
Verdichtungsräume sind durch eine hohe Bevölkerungsdichte, die Konzentration von Industriebetrieben, Dienstleistungseinrichtungen, Siedlungen und Verkehrseinrichtungen gekennzeichnet. Eine Großstadt oder mehrere Großstädte bilden dabei die Kerne. Für die Abgrenzung eines Verdichtungsraumes von seinem Umland werden die Einwohnerzahlen und die Bevölkerungsdichte (über 300 Einw./km²; zum Vergleich Stadt Halle: 1 705 Einw./km²) herangezogen.
Verdichtungsräume sind bevorzugte Gebiete für Neuansiedlungen von Industrie- und Gewerbegebieten. Großunternehmen gründen neue Standorte meist am Rand großer Städte, wobei im Vorfeld der Standortwahl umfangreiche Analysen durchgeführt werden (M2).

Info

BMW-Werk Leipzig – Standortfaktoren

- hervorragende Infrastruktur (Verkehr, Ver- und Entsorgung)
- ideale Beschaffenheit des Werksgeländes
- Verfügbarkeit qualifizierten Fachpersonals
- flexibles Arbeitszeitmodell
- Nutzung vorhandener Strukturen (Zulieferer, Logistik)
- Anbindung an das BMW-Vertriebsnetz und deren Kunden
- Wissenschaftseinrichtungen, Wohn- und Erholungsraum

Aufgaben

1 **Nenne die Merkmale von Verdichtungsräumen.**

2 **Erkläre den Zusammenhang zwischen Industrieansiedlung, Bevölkerungszuzug, Verbesserung der Infrastruktur und wachsenden Steuereinnahmen der Gemeinden. Berücksichtige Beispiele aus deinem Heimatgebiet.**

Arbeitsheft

Standortfaktoren

Jedes Unternehmen wählt seinen Firmensitz nach bestimmten Kriterien aus, den sogenannten Standortfaktoren. Das sind alle Gründe, die für oder gegen die Errichtung eines Betriebes an einem bestimmten Ort sprechen. Man unterscheidet harte und weiche Standortfaktoren (M2). Harte Standortfaktoren wirken sich direkt auf die Produktionskosten aus. Sie sind kalkulierbar. Weiche Standortfaktoren beziehen sich auf die Lebensbedingungen der Mitarbeiter. Sie sind schwer messbar.

Die Entscheidung für den Standort eines Betriebes hängt vom Gesamtpaket des jeweiligen Standortangebotes mit harten und weichen Faktoren ab. Heutzutage wird die Standortwahl auch im globalen Zusammenhang entschieden. Standortnachteile werden deshalb häufig durch finanzielle Förderungen der Kommune, des Landes oder der EU ausgeglichen. Hierzu zählen u. a. das verfügbare Flächenangebot mit einer guten Verkehrsanbindung, verfügbare Arbeitskräfte und auch Wohnmöglichkeiten für das Führungspersonal.

Aufgaben

3 **Nenne harte und weiche Standortfaktoren.**

4 **Ermittle und vergleiche die Standortfaktoren für einen Autohersteller und eine Lebensmittelfabrik.**

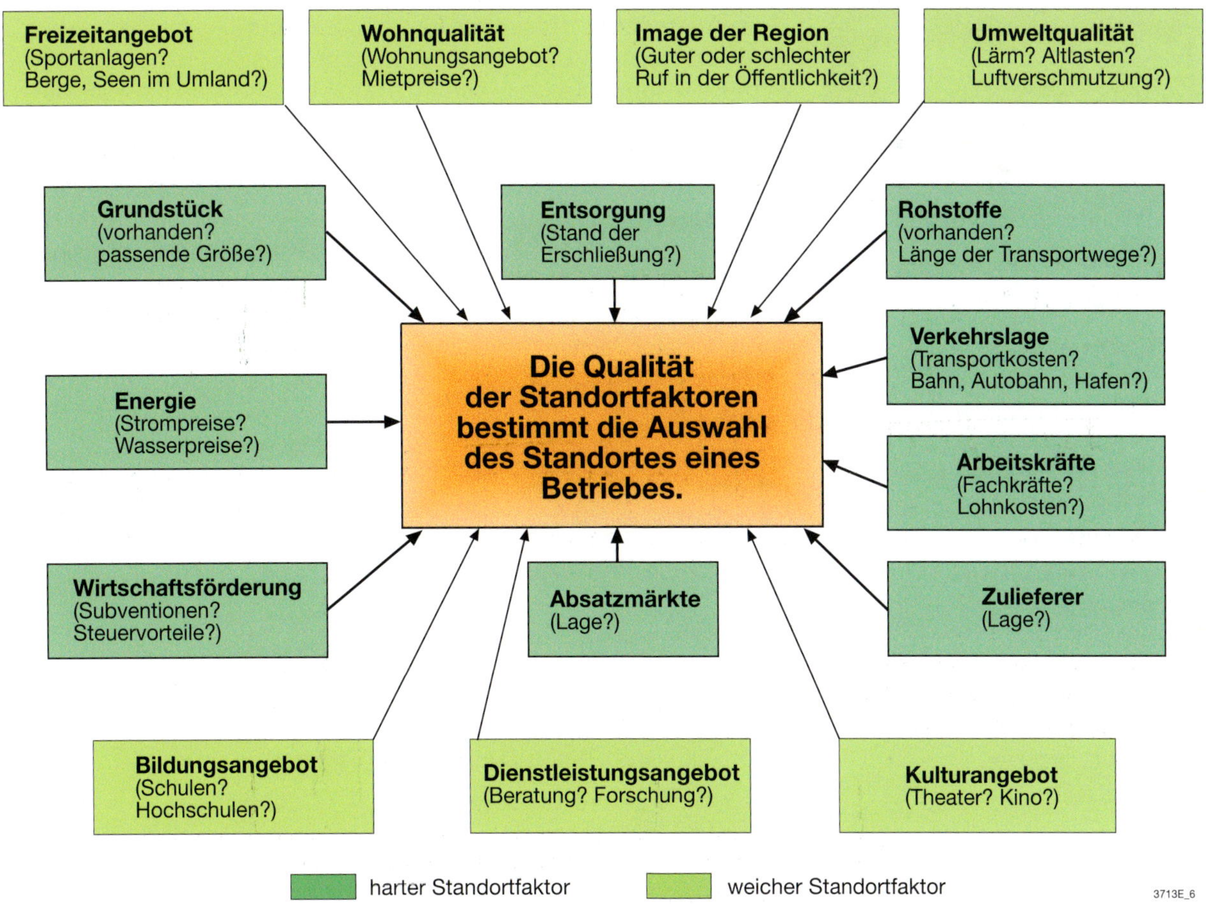

M2 Harte und weiche Standortfaktoren

Ruhrgebiet – Industrie und Dienstleistungen

Kohle, Eisen und Stahl

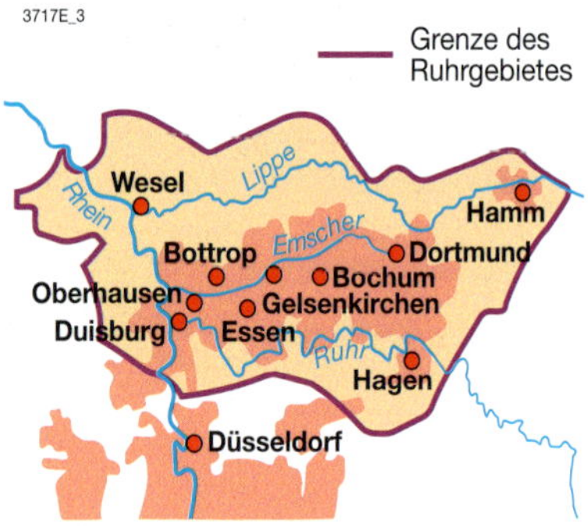

M1 Das Ruhrgebiet

M2 Das alte Ruhrgebiet: Förderturm der Zeche Recklinghausen

M3 „Schachtzeichen" – 311 Ballons zeigten im Juni 2010 an, wo Bergwerke waren

M4 Willkommen im Ruhrgebiet

www.rvr-online.de

Das Ruhrgebiet ist mit einer Fläche von über 4 400 Quadratkilometern und 5,2 Millionen Einwohnern heute der größte Verdichtungsraum Deutschlands. Es besteht zum Teil aus zusammengewachsenen Großstädten. Bis in die 1950er-Jahre hinein war das Ruhrgebiet vom Steinkohlenabbau sowie der Eisen- und Stahlindustrie geprägt.
Bereits Ende der 1950er-Jahre führte die Kohlekrise zum Sterben vieler Zechen.

Durch billige Steinkohleimporte und die Umstellung auf Erdöl ging die Förderung von Steinkohle zurück.
Später kam die Eisen- und Stahlkrise hinzu. Immer häufiger wurden Gegenstände aus Kunststoff statt aus Stahl oder Eisen gefertigt. Viele Hüttenwerke mussten geschlossen werden und Tausende Arbeiter verloren ihren Arbeitsplatz. In den nächsten Jahren wird die Kohleförderung noch weiter zurückgehen. Die Schließung weiterer Bergwerke steht bevor.

Aufgaben

1. **Nenne Standortfaktoren, die dazu führten, dass das Ruhrgebiet der größte Verdichtungsraum Europas werden konnte (M1, S. 101).**
2. **Erläutere, warum im Ruhrgebiet ein Strukturwandel notwendig wurde.**

Arbeitsheft

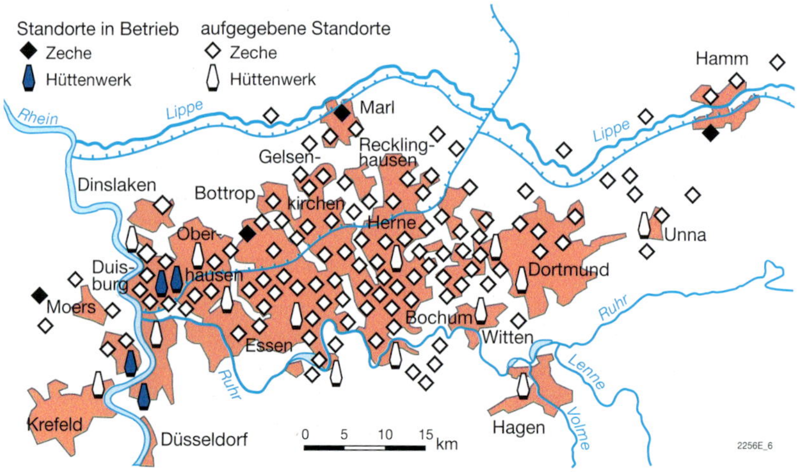

M5 Zechen und Hüttenwerke (1950 bis Juni 2010)

RUHR.2010
Kulturhauptstadt Europas

M6 Veranstaltung in der „Zeche Zollverein“ in Essen

Das Ruhrgebiet im Wandel

Das Ruhrgebiet befindet sich in einem Strukturwandel. Großkonzerne, die früher ausschließlich im Kohle- und Stahlbereich tätig waren, haben diese Monostruktur aufgebrochen und sich neue Geschäftsfelder erschlossen, vor allem im Bereich der Informations- und Kommunikationstechnologie sowie der Umweltsicherung.
Ein erster Schritt des Wandels im Ruhrgebiet vom Produktions- zum Forschungsstandort waren die Gründungen von Universitäten und Hochschulen.
1962 entstand die Ruhr-Universität in Bochum als erste Universität des Ruhrgebietes (zum Vergleich: die Leipziger Universität wurde 1409 gegründet). Heute verfügt die Region über das dichteste Hochschulnetz in ganz Europa.

Ein zweiter Schritt war die Errichtung von Technologieparks bzw. Technologiezentren. Sie sind das Bindeglied zwischen Hochschule und Wirtschaft.
Das Ruhrgebiet steht inzwischen für eine hohe Lebensqualität. Die übelriechenden Gasschwaden aus den Kokereien, Hütten- und Stahlwerken sind weitgehend verschwunden.
Der ehemalige „Ruhrpott“ hat sich auch zu einer der dichtesten Kulturlandschaften der Welt entwickelt.
Nahezu jedes Wochenende findet ein Event in einer der Ruhrstädte statt. Der „Wandel durch Kultur“ fand Anerkennung in der Verleihung des Titels „Kulturhauptstadt Europa 2010“.

M7 Ruhr-Universität Bochum

Info

Strukturwandel

Strukturwandel bezeichnet Veränderungen, die sich auf die wirtschaftliche Struktur einer Region auswirken. Dazu gehören u. a. die Ansiedlung neuer Branchen, zusätzliche Bildungs- und Forschungseinrichtungen und der Ausbau der Infrastruktur.

Jahr	Zahl der Zechen	Förderung (in 1000 t)
1960	122	115 400
1980	29	69 100
2000	9	25 900
2009	4	10 900

M1 Wandel in der Kohlewirtschaft im Ruhrgebiet

1980	
Sowjetunion	148
Japan	111
USA	101
BR Deutschland	44

2009	
VR China	271
Japan	113
USA	99
Russland	66

M2 Produktion von Rohstahl (Millionen Tonnen)

Ausverkauf nach China

Eine Tradition ist tot. Seit 1841 wurde in Dortmund Eisenerz geschmolzen und Stahl produziert. Am 28. April 2001 läutete die letzte Schmelze das Ende der Eisen- und Stahlproduktion in der Stadt ein.
Mit der Schließung des Hochofenwerkes verloren fast 1 000 Menschen ihren Arbeitsplatz. Roheisen und Stahl werden heute nur noch in Duisburg produziert. Dank herausragender Innovationen bei Produkten und Herstellungsverfahren ist die Stadt Duisburg einer der modernsten Stahlstandorte Europas.

In Dortmund wurden zahlreiche Anlagen der Montanindustrie nach China verkauft. Bis Ende 2002 bauten hier rund 800 chinesische Fachkräfte Stück für Stück zwei Hochöfen, ein Walz- und ein Stahlwerk ab. Sie verpackten sie und verluden sie für die lange Reise auf Lkws, später auf Schiffe. Der Hochofen 3 von Phoenix-West wurde in Handan, südwestlich von Peking, wieder aufgebaut. Inzwischen begann dort die Roheisenproduktion.

Ebenso erging es der Dortmunder Kokerei Kaiserstuhl. Mit rund einem Viertel der Herstellungskosten allein für den Umweltschutz war sie damals die modernste Anlage der Welt. 16 Monate lang, bis Ende 2004, wurde sie von chinesischen Arbeitern zerlegt, in Kisten und Container verladen und anschließend in der Provinz Shandong wieder aufgebaut. Sie ist heute die größte und modernste Kokereianlage der Volksrepublik China.

Aufgaben

1 **Die Kokerei Kaiserstuhl in Dortmund wurde nach nur acht Jahren Betriebszeit nach China verkauft. Mittlerweile haben sich die Kosten für eine Tonne Kokskohle vervierfacht.**
a) Dortmunder Zeitungen nannten den Verkauf ein „typisches Beispiel für Globalisierung". Erläutere, was damit gemeint ist.
b) Erörtere die Verkaufsentscheidung aus heutiger Sicht.

2 **Werte M1 und M2 aus.**

M3 In Handarbeit bauten Arbeiter aus China den Hochofen ab.

Das Landschaftsbild verändert sich

M4 Der Standort Phönix-Ost bis 2001

Im 19. und 20. Jahrhundert waren das Hochofenwerk Phoenix-West und das Stahlwerk Phoenix-Ost im Dortmunder Stadtteil Hörde die Grundlage für die wirtschaftliche Entwicklung in der Region. Der Niedergang der Kohle- und Stahlindustrie im Ruhrgebiet brachte auch das Ende für den Standort Phoenix. Beide Werke wurden geschlossen.

M5 Der Standort Phönix-Ost 2008

Die rund 200 Hektar große Industriebrache musste einer neuen Nutzung zugeführt werden. Dafür wurden seit 2003 die Altlasten entfernt und der Boden saniert.
Im Bereich Phoenix-Ost entstand 2009 der Phoenix-See mit 24 Hektar Wasserfläche. Er verbessert das Angebot weicher Standortfaktoren der Stadt (M6).

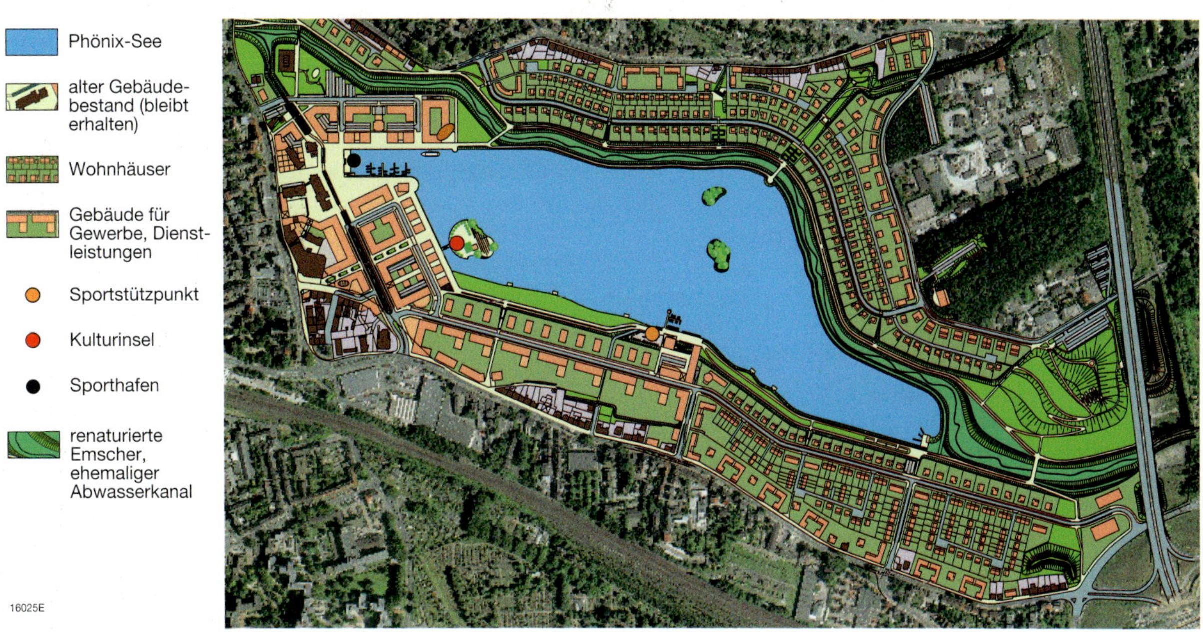

M6 Neue Nutzung im Bereich Phoenix-Ost

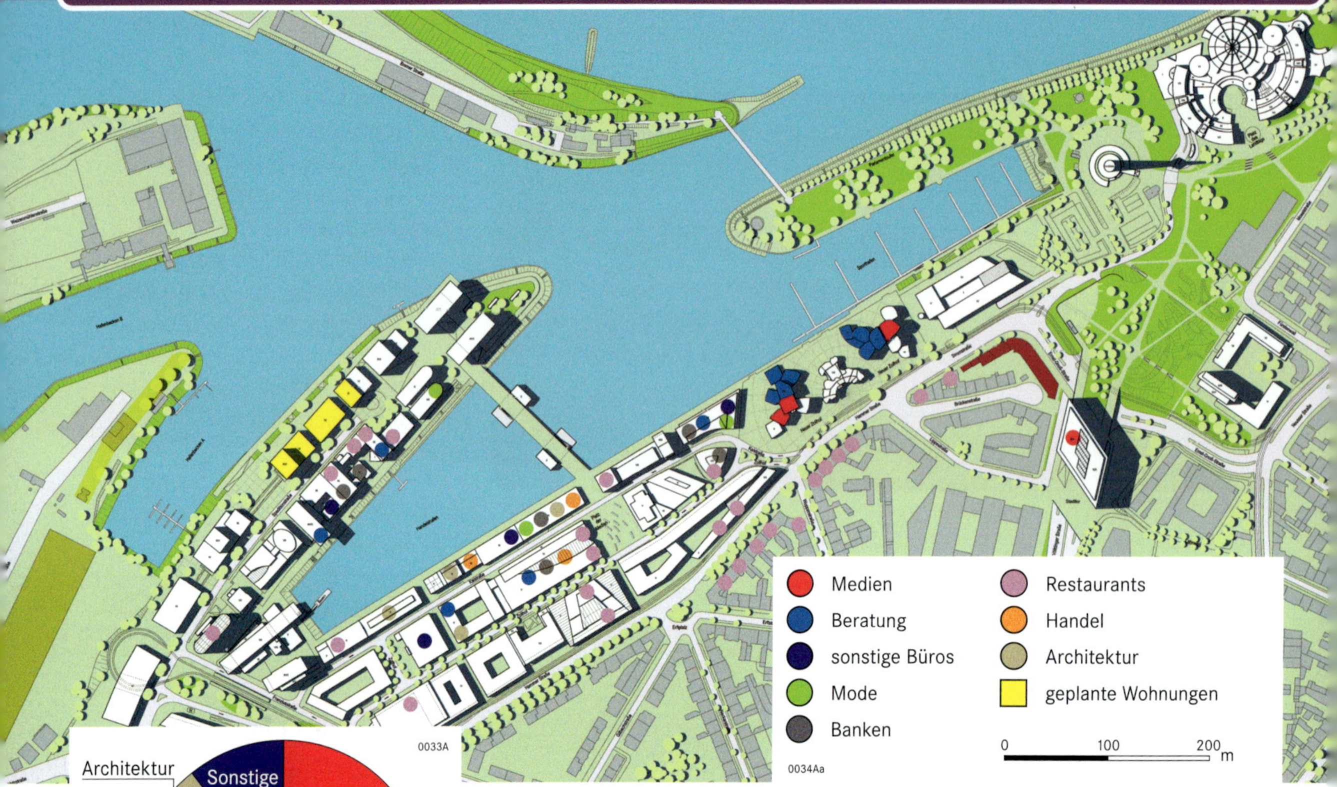

M1 Der Düsseldorfer Medienhafen

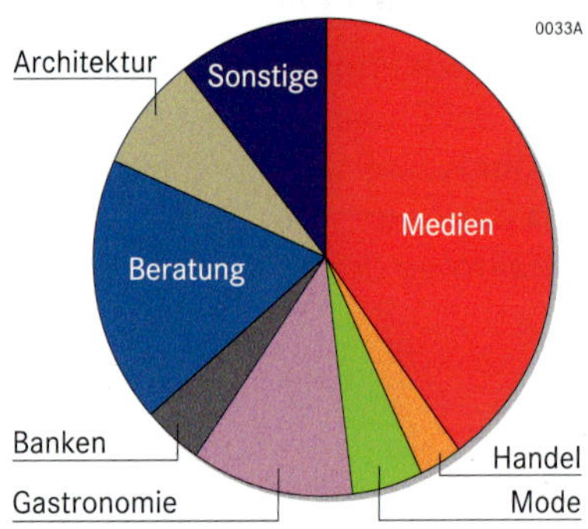

M2 Branchenzugehörigkeit der Firmen im Düsseldorfer Medienhafen

Ein Medienhafen im Rhein-Ruhr-Gebiet

Beim Wort „Hafen" denkt man normalerweise an Schiffe, Verladekräne und Gütertransport. Im Düsseldorfer Medienhafen ist alles anders: Die Arbeiter dort haben einen Anzug an und Schiffe sucht man vergebens. Hier geht es um Medien und damit um die Vermittlung von Informationen, so wie es das Fernsehen, die Zeitung und das Internet tun.

Ein Medienhafen ist somit ein Hafen, in dem nicht Güter, sondern Informationen umgeschlagen werden. Bevor der Medienhafen das wurde, was er heute ist, war er ein ganz normaler Hafen für Schiffe. Auch in Düsseldorf setzte in den 1960er-Jahren ein Strukturwandel ein. Die Industrie verlor an Bedeutung, der Dienstleistungsbereich wurde immer wichtiger.

Auf den Flächen, auf denen früher Kräne standen und Massengüter lagerten, entstanden seit 1974 moderne Bürogebäude. Angesiedelt haben sich zahlreiche Firmen der Werbebranche. Die wichtigsten Standortfaktoren für Werbefirmen sind die geringen Büromieten, die gute Verkehrsanbindung, das hohe Ansehen der Stadt, die Qualität der Arbeitskräfte sowie die Wohnqualität, das Wohnumfeld eingeschlossen .

Auf Düsseldorf treffen die meisten Faktoren zu. Die Stadt gehört schon lange neben Hamburg und Frankfurt zu den bedeutendsten Standorten der Werbebranche in Deutschland. Der Medienhafen wird weiter ausgebaut, um Büros in bester Lage und zu günstigen Mieten anbieten zu können.

Aufgabe

1 **Erläutere den Begriff „Medienhafen".**

2 **Ermittle in deinem Schul- oder Heimatort Unternehmen, die zum tertiären Sektor gehören. Wähle ein Unternehmen aus.**
– Erkunde, welche Standortfaktoren zur seiner Ansiedlung geführt haben.
– Vergleiche die Standortfaktoren mit M3, S.107.
– Bewerte die Standortentscheidung.

Eine Standortanalyse durchführen

METHODE

Info

Standortanalyse

Um einen geeigneten Standort für ein Unternehmen zu finden, werden alle zutreffenden harten und weichen Standortfaktoren analysiert, geprüft und gewichtet.
Jedes einzelne Unternehmen bewertet Standortfaktoren unterschiedlich. Firmen der Software-Industrie und der Informationstechnologie (IT) haben andere Bedürfnisse als Unternehmen der Automobilindustrie, der Metall- oder Chemiebranche.
Den optimalen Standort für ein Unternehmen gibt es nicht. Meist stehen mehrere Standorte zur Auswahl. Daher bietet sich eine Standortanalyse an.

So gehst du vor

1. Beschreibe die Lage des möglichen Standortes.
2. Analysiere den Standort hinsichtlich fördernder und hemmender Standortbedingungen (harte und weiche Standortfaktoren).
3. Vergleiche die Bedingungen mit denen anderer Standorte und bewerte den Standort.

Standortfaktoren	B	V	U	K	VG	RW	T	W
harte Faktoren								
Flächenverfügbarkeit und/oder Büroverfügbarkeit	12	9	6	10	10	6	7	7
Kosten der Flächen und Gebäude/Büros am Ort	6	1	2	3	4	2	2	1
Verkehrsanbindung	1	2	1	1	1	1	1	2
Nähe zu Betrieben des selben Unternehmens	20	24	25	25	26	25	23	26
Umweltschutzauflagen am Ort	25	25	24	21	17	24	16	24
Kontakte zu Unternehmen der gleichen Branche	8	6	18	13	8	14	9	21
Nähe zu Zulieferern	26	26	26	24	18	26	26	9
Nähe zu Absatzmärkten	13	16	13	26	13	16	17	16
Hochschulen und Forschungseinrichtungen	22	21	17	23	24	19	21	23
Arbeitsmarkt/Verfügbarkeit qualifizierter Arbeitskräfte	5	3	7	8	2	3	4	6
kommunale Abgaben, Steuern und Kosten	14	8	16	9	5	7	6	4
Subventionen und Fördermittel	23	23	19	17	23	21	13	25
unternehmensbezogene Faktoren								
Unternehmensfreundlichkeit der Kommune	10	10	20	14	7	10	5	18
wirtschaftspolitisches Klima im Bundesland	2	12	3	7	11	8	3	10
Image der Stadt/Region	3	11	9	11	6	12	11	12
Image und Erscheinungsbild des engeren Umfeldes	9	5	4	6	14	5	12	3
Karrieremöglichkeiten in der Region	11	13	15	18	20	15	19	13
personenbezogene Faktoren								
Attraktivität der Stadt	15	15	12	12	15	17	20	14
Attraktivität der weiteren Region	17	17	22	20	21	18	15	17
örtliches Kulturangebot	21	20	11	15	19	20	24	19
Unterhaltungs- und Stadtteilkultur (z. B. Kinos)	24	19	21	19	22	22	25	22
Beschaulichkeit und Übersichtlichkeit der Stadt	19	22	23	22	23	23	22	20
Umweltqualität (Luft, Wasser, Klima)	16	18	10	5	9	11	10	8
Wohnen und Wohnumfeld	4	4	5	4	3	4	8	5
Freizeitmöglichkeiten	18	14	14	2	12	13	14	11
Schulen und Ausbildungseinrichtungen	7	7	8	16	16	9	18	15

Rangfolge (1–26) von Standortfaktoren nach ihrer Wichtigkeit für ausgewählte Branchen (B = Banken, V = Versicherungen, U = Wissenschaft/Forschung/Unterricht, K = Kultur/Sport/Unterhaltung, VG = Verlagsgewerbe, RW = Rechts-/Steuerberatung, Wirtschaftsprüfung/-beratung, T = Technische Beratung, W = Werbung)

M3 Standortfaktoren für ein Unternehmen des tertiären Sektors

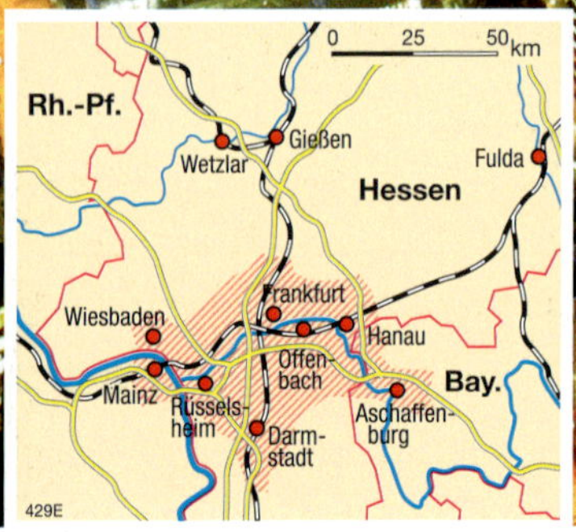

M1 Verdichtungsraum Rhein-Main

M2 Das Bankenviertel von Frankfurt/Main

Tertiärer Sektor: Beispiel Frankfurt – „Bankfurt“

Frankfurt liegt im Zentrum des Verdichtungsraumes Rhein-Main: Stadt und Region setzen auf den Dienstleistungssektor. Stark vertretene Branchen sind die Telekommunikation, Werbewirtschaft, Informationstechnologie, der Handel, der Verkehr und der Bankenbereich. Frankfurt ist das führende Finanzzentrum in Deutschland. Hier ist der Sitz der Europäischen Zentralbank (EZB), die für ganz Europa die wichtigen währungspolitischen Entscheidungen trifft.

Alle bedeutenden nationalen und internationalen Kreditinstitute und Finanzinstitutionen sind hier ansässig oder mit Niederlassungen vertreten. Dazu gehört auch die Deutsche Bundesbank, die seit ihrer Gründung in Frankfurt zu Hause ist. Rationalisierungsmaßnahmen, der Trend zu Direktbanken, zum Online-Banking und Fusionen oder die Übernahme von Großbanken kosten viele Arbeitsplätze. Das gilt besonders in Krisenzeiten.

Aufgaben

1 **Erkläre, warum Frankfurt ein bedeutender Standort des tertiären Sektors ist.**

2 **Der Frankfurter Flughafen ist ein Wirtschaftsmotor. Erläutere (Internet).**

Japans Banken zieht's nach Frankfurt

Bankenviertel: Tagsüber Trubel – nachts Geisterstadt

Das Geld der Welt rollt durch Frankfurt

Frankfurt – der wichtigste Euro-Finanzplatz

M3 Schlagzeilen zu Frankfurt/Main

Das Frankfurter Kreuz

- ist der wichtigste Knotenpunkt des deutschen Autobahnnetzes.
- verbindet die Autobahnen von Hamburg nach Basel und vom Ruhrgebiet nach München.
- wird täglich von rund 300 000 Kraftfahrzeugen passiert.

Der Flughafen-Bahnhof

- ist ein Fernbahnhof (ICE- und IC-Verbindungen), auf dem täglich ca. 100 Züge ein- und abfahren.
- ist ein Regionalbahnhof (für den Nahverkehr) für S-Bahn, RegionalExpress und StadtExpress.
- wickelt täglich 220 Zugverbindungen ab.

Fraport
Frankfurt Airport Services Worldwide

Der Frankfurter Flughafen

- ist der achtgrößte Flughafen der Welt sowohl im Passagier- als auch im Frachtverkehr.
- nimmt Platz 1 in der Fracht und Platz 3 (hinter London und Paris) bei den Passagieren in Europa ein.
- ist Ausgangspunkt für 1200 Starts und Landungen pro Tag.
- ist ein Transfer-Flughafen: 49 Prozent der Passagiere sind Umsteiger.
- ist Standort für 110 Fluggesellschaften im Passagierverkehr und etwa 50 Fluggesellschaften im Charterverkehr (Sonderflüge überwiegend für Urlauber).
- ist Ausgangspunkt und Zwischenstation für 290 Ziele in 109 Ländern.

M4 Verkehrsdrehscheibe Frankfurt Flughafen

Raumplanung – warum und durch wen?

Aufgaben

1 **Erläutere die Bedeutung der Raumplanung.**

2 **Welche Interessenkonflikte lassen sich der Zeichnung in M1 entnehmen?**

In deinem Lebensumfeld kannst du immer wieder räumliche Veränderungen beobachten: Hier entsteht ein Gewerbegebiet, dort wird eine Autobahn geplant, aus ehemaligen Braunkohletagebauen werden Seenlandschaften. Dabei finden Raumplanungsmaßnahmen nicht immer die Zustimmung aller. Mitunter werden Flächen auch von mehreren Nutzern beansprucht (M1).

Der Abstimmung und Koordinierung aller Raumveränderungen dient die Raumplanung. Sie wird in Deutschland durch das Raumordnungsgesetz geregelt. Es gibt den Ländern und Gemeinden einen Rahmen für ihre eigenen Raumordnungspläne vor (M2). Raumordnung macht aber auch an Ländergrenzen nicht Halt, ein Beispiel dafür sind die Euroregionen.

M1 Nutzungsansprüche

Raumordnung/ Raumplanung

Planungsebene	Planungsinstitution	Planungsinstrument
Europäische Union	Internationale Organisationen	Europäisches Raumentwicklungskonzept (EUREK)
Deutschland	Bundesministerium für Raumordnung	Raumordnungsgesetz (ROG) Deutschlands
Sachsen-Anhalt	Ministerium für Landesentwicklung und Verkehr	Landesentwicklungsplan (LEP)
Planungsregion	Regionale Planungsgemeinschaften (Sachsen-Anhalt vgl. S. 113 M4)	Regionale Entwicklungspläne
Stadt/Gemeinde	Stadtentwicklungsamt, Gemeinderat	Flächennutzungsplan, Bebauungsplan
Haus, Objekt	Bauherr	Bauplan

M2 Ebenen der Raumplanung

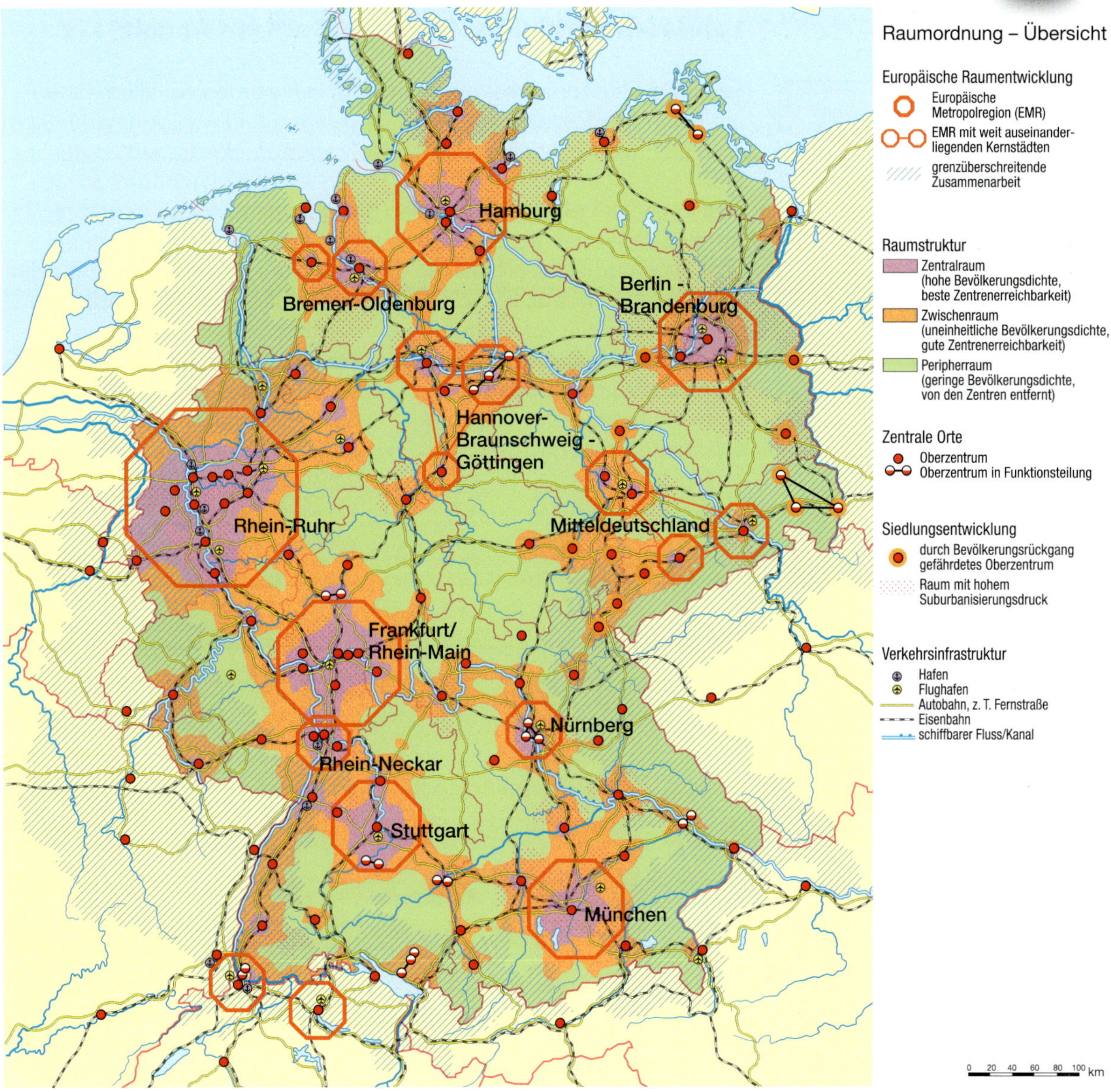

M3 Raumordnung Deutschlands

Metropolregion

Eine Metropolregion umfasst eine oder mehrere Kernstädte mit dicht bebautem Umland und angrenzenden ländlichen Gebieten. Sie wird als Motor der sozialen, gesellschaftlichen und wirtschaftlichen Entwicklung eines Landes betrachtet. Durch die Ausweisung von Metropolregionen soll der europäische Integrationsprozess beschleunigt werden.

Oberzentrum

Ein Oberzentrum ist ein zentraler Ort oberster Stufe mit der höchsten Bedeutung in seinem Einzugsgebiet. Es versorgt seine Bevölkerung mit hochwertigen Gütern und Dienstleistungen. Hier sind zum Beispiel Warenhäuser, Hochschulen, Theater, Kliniken und eine gut entwickelte Infrastruktur zu finden (S. 113 M2).

Landesentwicklungsplanung in Sachsen-Anhalt

Aufgaben

1 **Erläutere die Aufgaben eines Landesentwicklungsplanes.**

2 **Informiere dich im LEP Sachsen-Anhalt über Entwicklungsvorhaben in deiner Heimatregion. Nutze das Internet.**
Arbeitsheft

Seit 2010 liegt für Sachsen-Anhalt ein neuer Landesentwicklungsplan (LEP) vor. Es ist ein Gesamtkonzept zur räumlichen Ordnung und nachhaltigen Entwicklung des Bundeslandes. Er zeigt Perspektiven und Standortvorteile Sachsen-Anhalts auf, berücksichtigt dabei die voranschreitende Globalisierung, das zusammenwachsende Europa sowie Auswirkungen des Bevölkerungswandels (Rückgang, Altersstruktur) im Land.

Im LEP werden vor allem Festlegungen zur Entwicklung der Siedlungen, der Wirtschafts- und Wissenschaftsstandorte sowie des Verkehrsnetzes getroffen. Auch die Rohstoffgewinnung sowie der nachhaltige Schutz der natürlichen Lebensgrundlagen werden berücksichtigt.
Ob ein Ort ein Stadion oder einen ICE-Anschluss erhält, ob er seine Sekundarschule oder sein Krankenhaus behalten kann, wird beispielsweise durch den LEP geregelt.

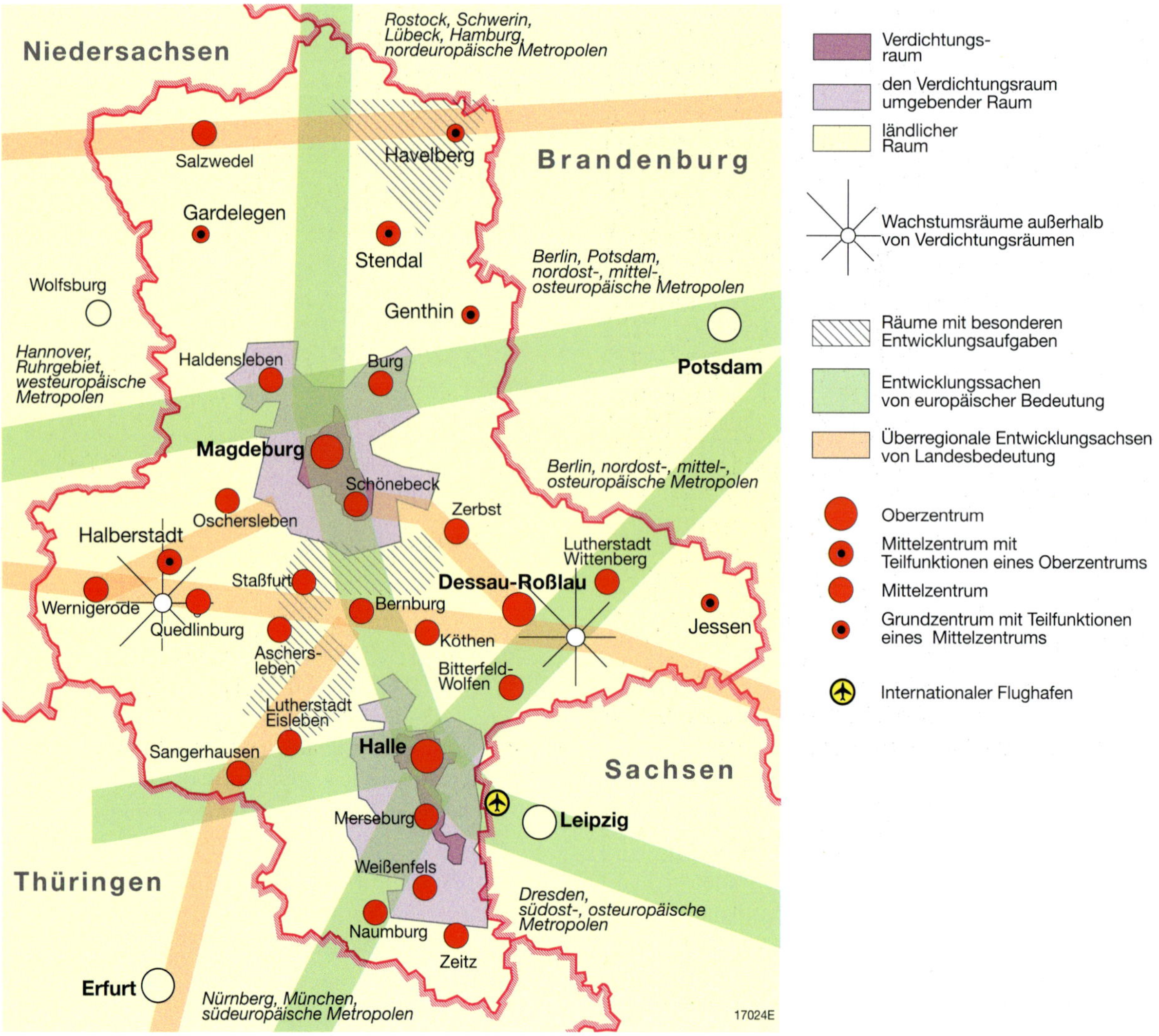

M1 Raumstruktur Sachsen-Anhalts (nach LEP Sachsen-Anhalt 2010)

Zentraler Ort	Versorgung von	Erreichbarkeit	Versorgungseinrichtungen
Oberzentrum	mindestens 300 000 Einwohnern	Pkw: 60 min ÖPNV: 90 min	Universität/Hochschule, Landesbehörden, Theater und Museen, Musikschulen, Sportstadien/-hallen, Netz von Einkaufszentren, Warenhäusern und Fachgeschäften, IC/ICE-Halt, Bundesautobahnanschluss, Spezialkrankenhäuser/Kliniken
Mittelzentrum	mindestens 50 000 Einwohnern	Pkw: 30 min ÖPNV: 60 min	Fachschulen, Gymnasien, Sportplätze, Schwimmbäder, Verbrauchermärkte, IC-/RE-Halt, Bundesautobahn- oder Bundesstraßenanschluss, Krankenhäuser der Regelversorgung
Grundzentrum	mindestens 9 000 Einwohnern	Pkw: 15 min ÖPNV: 30 min	Sekundarschule, Arztpraxen, Apotheke, Gemeindeverwaltung, lokale Sporteinrichtungen, Geschäfte für die Grundversorgung, ÖPNV-Verbindung zum Mittelzentrum

M2 System der zentralen Orte in Sachsen-Anhalt

Quelle: Landesentwicklungsplan Sachsen-Anhalt 2010, S. 17 – 21
(Abkürzungen: IC = Intercity, ICE = Intercityexpress, BAB = Bundesautobahn, B = Bundes-, ÖPNV = Öffentlicher Personennahverkehr)

M3 Luftbild vom Oberzentrum Magdeburg

M4 Planungsregionen von Sachsen-Anhalt

Aufgaben

3 **Vergleiche die Merkmale der zentralen Orte.**

4 **Ordne Städte und Gemeinden aus Sachsen-Anhalt den drei zentralen Orten zu.**

metropolregion
mitteldeutschland

Metropolregion Mitteldeutschland

Aufgabe

1 **Informiere dich unter www.region-mitteldeutschland.com/8-0 Mitgliedsstädte.html über das Wirtschaftspotenzial der Städte, die zur Metropolregion Mitteldeutschland gehören.**
Arbeitsheft

Mitten im Herzen Europas liegt die Metropolregion Mitteldeutschland. Sie vereint seit dem 01.01.2010 folgende Städte mit ihrem jeweiligen Umland: Chemnitz, Dessau-Roßlau, Dresden, Gera, Halle, Jena (vertritt die Interessen von Erfurt und Weimar), Leipzig, Magdeburg und Zwickau. Die Metropolregion liegt an der Schnittstelle zu den Standorten Osteuropas und übernimmt damit wichtige Funktionen im Austausch von Wissen, Informationen und Gütern innerhalb der erweiterten Europäischen Union.

Die Metropolregion hat sich zu einem wichtigen europäischen Standort für Hochtechnologieunternehmen und Wachstumsbranchen im Bereich der erneuerbaren Energien, der Halbleiter- und optischen Industrie sowie der Logistikwirtschaft entwickelt. Zusammen mit der leistungsfähigen Chemieindustrie sowie dem in der Region traditionellen Automobil- und Maschinenbau bilden sie die Basis des Wirtschaftsstandortes Mitteldeutschland.
(nach www.region-mitteldeutschland.com, 27.5.2010)

SILICON SAXONY®
MY FAVORITE PLACE

LEIPZIGER MESSE

Wirtschaft und Wissenschaft

attraktiver Standort für eine Reihe von Wachstumsbranchen

- Automobilindustrie
- chemische Industrie
- optische Industrie
- Mikroelektronik
- Biotechnologie

DOW®

sehr gute wissenschaftliche Infrastruktur

- 9 Universitäten
- mehr als 25 Hochschulen
- rund 100 Forschungsinstitute

Himmelsscheibe von Nebra

Verkehr und Mobilität

Gateway-Funktion (beschreibt Zugang zu Wissen und Märkten)

- gute Verkehrsinfrastruktur (Neue Messe, Airport Leipzig-Halle, Autobahn- und ICE-Anschluss)
- weiterer Ausbau der nationalen und internationalen Anbindung notwendig (Bahnmagistrale Nürnberg-Erfurt-Leipzig/Halle-Berlin); Lückenschluss der A 14 nach Norden; Erweiterung des Mitteldeutschen Verkehrsverbundes)

BMW

Kultur und Tourismus

- Vielfalt und Dichte von Kulturstätten sowie UNESCO-Welterbestätten
- Vielfalt an Naturlandschaften sowie an Tourismus- und Erholungsgebieten

WEGE ZU LUTHER

M1 Charakteristische Merkmale der Metropolregion Mitteldeutschland

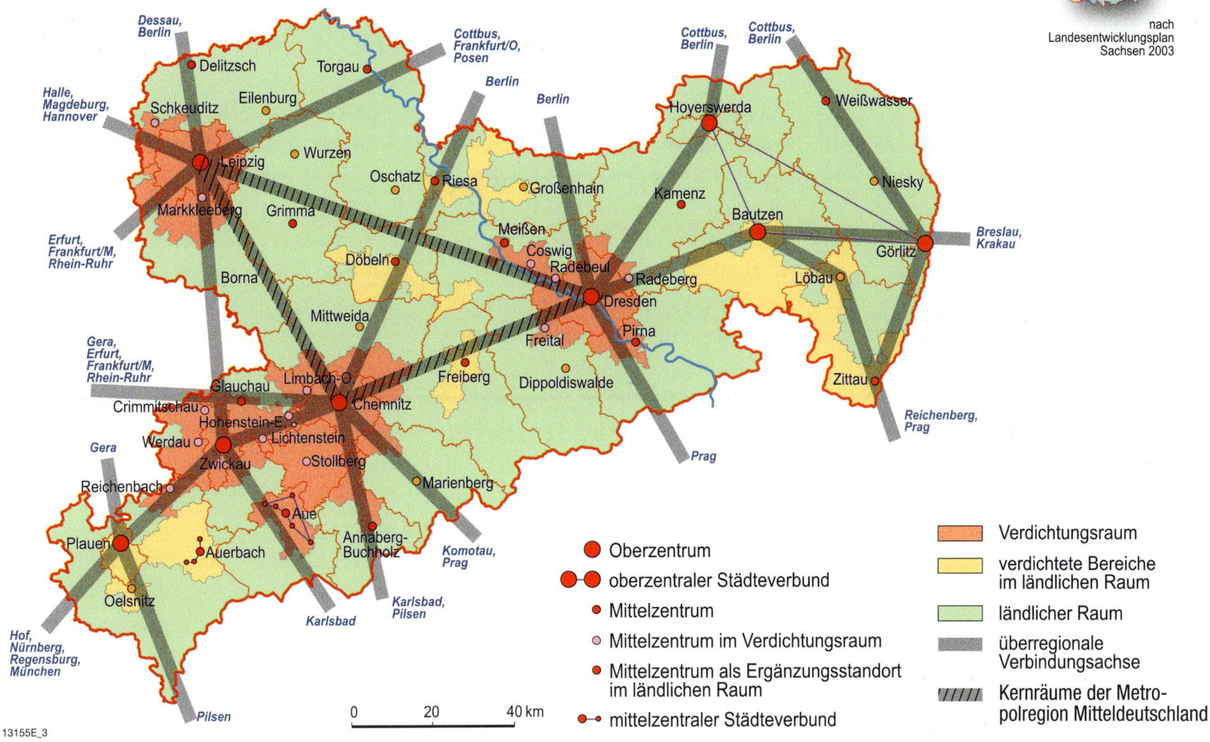

13155E_3

M2 Raumstruktur Sachsens

Das „Sachsendreieck"

Die drei Verdichtungsräume Dresden, Chemnitz-Zwickau und Leipzig sind die sächsischen Kernräume in der Metropolregion Mitteldeutschland. In den vergangenen zwei Jahrzehnten haben sich deren Wirtschaftsstrukturen verändert.

In Dresden kamen neue Industriezweige zum Beispiel in der Mikroelektronik hinzu. Die Stadt hat sich zum bedeutendsten europäischen Standort der Mikroelektronik und der Informations- und Kommunikationstechnologie entwickelt. Durch den Wiederaufbau der Frauenkirche und anderer historischer Gebäude ist die Stadt ein Touristenmagnet.

In Chemnitz wurde eine Vielzahl traditioneller Industriebetriebe geschlossen. Neue, vor allem mittelständische Unternehmen, siedelten sich an. Dazu trägt auch die Automobil- und Zulieferindustrie bei.
Ein Beispiel für die Fortsetzung der Traditionen der Textil- und Bekleidungsindustrie ist die Ansiedlung der Firma „bruno banani" in Chemnitz. Sie gehört zu den Marken- und Marktführern der Designerunterwäsche europaweit.

Leipzig entwickelte sich zu einem Zentrum des tertiären Sektors (u. a. Neue Messe, DHL). Auch die Automobilindustrie (sekundärer Sektor) hat sich in Leipzig angesiedelt (BMW, Porsche).

M3 Neue Messe in Leipzig

Aufgabe

2 Beschreibe die Raumstruktur Sachsens und vergleiche sie mit der von Sachsen-Anhalt (M1, S. 112).

Mitteldeutsches Chemiedreieck

M1 Lage des Mitteldeutschen Chemiedreiecks

www.infraleuna.de

Gemessen an ihrer Wirtschaftskraft war und ist die Region Halle-Leipzig-Bitterfeld eine traditionell wichtige Industrieregion. Aufgrund von Braunkohlevorkommen entwickelte sie sich seit Beginn des 19. Jahrhunderts schnell zu einem Zentrum des Braunkohlebergbaus und der Chemie. Hinzu kam, dass sich als Nachfolgeindustrien auch zahlreiche Betriebe der verarbeitenden Industrie ansiedelten. Bergbau und Chemie waren 1989 insbesondere im Raum Halle-Merseburg, Bitterfeld-Wolfen und im Süden von Leipzig die größten Arbeitgeber. Bis zu 50 Prozent der Beschäftigten der chemischen Industrie der gesamten DDR arbeiteten in den drei großen Kombinaten Leuna, Buna und Bitterfeld-Wolfen.

Wirtschaftlicher Umbau im Chemiedreieck

Die Startchancen für den Strukturwandel des mitteldeutschen Raumes waren nach der Wiedervereinigung im Jahre 1990 alles andere als gut. Erforderlich waren die Entflechtungen der übergroßen Wirtschaftseinheiten des Braunkohlebergbaus und der Chemie sowie die Stilllegung unrentabler Bereiche. Hinzu kam ein drastischer Arbeitsplatzabbau. Ein völliges Verschwinden der prägenden Industrie dieses Raumes hätte jedoch verheerende Auswirkungen für die Zukunft der Region gehabt. Deshalb flossen umfangreiche Investitionen in die Chemie. So entstanden Produktionsstätten, die weltweit zu den modernsten in der Chemiebranche zählen. Anteil daran haben die EU, die Bundesregierung und die beteiligten Bundesländer. Entscheidend für die zahlreichen Neuansiedlungen waren unter anderem das vorhandene Mitarbeiterpotenzial mit Berufserfahrung in der chemischen Industrie, die Chemieakzeptanz in der Bevölkerung und die Nähe zu den osteuropäischen Märkten.

Info

Infraleuna

Infraleuna ist der Standortbetreiber und Standortentwickler des Chemieparks Leuna. Sie betreibt die Infrastruktureinrichtungen am Standort, was den ca. 120 Unternehmen viele Vorteile bringt.
Serviceangebot von Infraleu: Versorgung mit Wasser und Strom, Entsorgungssysteme, Sicherheitsmanagement, Brandschutz, Logistik und Telekommunikation.

M2 Chemiepark Leuna südlich von Halle

Aufgaben

1. **Beschreibe die Veränderungen im Chemiedreieck nach 1990.**
2. **Das Chemieparkkonzept dient heute anderen Chemieunternehmen in Deutschland als Modell für die Organisierung ihrer Standorte. Erläutere.**

Wirtschaftlicher Verbund

Drei traditionsreiche Unternehmen der chemischen Industrie Mitteldeutschlands schlossen sich 1994/1995 zur Buna Sow Leuna Olefinverbund GmbH (BSL) zusammen (M4). Seit Juni 2000 ist dieser Verbund ein voll integrierter Teil des amerikanischen Konzerns The Dow Chemical Company, einem Global Player mit Firmensitz in Midland/USA. Der BSL-Olefinverbund ist schon jetzt zu einem prägenden Faktor im mitteldeutschen Chemiedreieck geworden.

www.chemiepark.de
www.ifm-wolfen.de

M3 Auszubildende zur Chemielaborantin bei Buna Sow

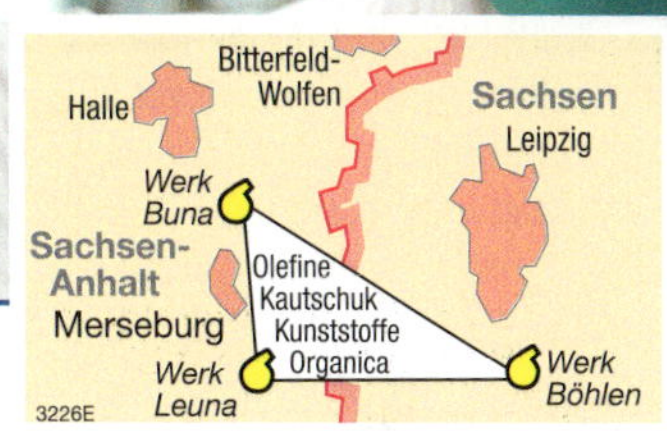

M4 Standorte des Buna Sow Leuna Olefinverbundes GmbH

Info

Das Chemieparkkonzept

Entwickelt wurde es speziell für die Erhaltung der traditionellen Industriestandorte im Chemiedreieck.
Ziel dieses Konzeptes war und ist, ein Angebot an Infrastruktur- und Serviceleistungen für die Chemiebetriebe und Neuansiedler zu schaffen (Info-Box S. 116). Die im Chemiepark ansässigen Unternehmen können sich somit auf ihre Kerngeschäfte konzentrieren.

Industrie- und Filmmuseum Wolfen

In Wolfen wurde 1936 der erste praktikable Farbfilm der Welt hergestellt. Filme werden heute in Wolfen nicht mehr produziert, jedoch können im Filmmuseum Maschinen der Filmherstellung im Originalzustand besichtigt werden.

Kraftwerk Schkopau

Bekenntnis zur heimischen Braunkohle

Das Schkopauer Kraftwerk wandelt Braunkohle aus dem Tagebau Profen bei Zeitz in Strom und Dampf um. Ursprünglich sollte Steinkohle verstromt werden. Durch den Einsatz des heimischen Rohstoffes konnten langfristig zahlreiche Arbeitsplätze in der Region gesichert werden. Das Kraftwerk versorgt drei große Kunden: Den Energiekonzern Veag, das Chemieunternehmen Buna Sow Leuna Olefinverbund GmbH (BSL) und die Deutsche Bahn AG.

Eine Pro-und-Kontra-Diskussion durchführen

So gehst du vor

1. **Vorbereitung**
   Bildet Interessengruppen, die sich darauf vorbereiten, ein Mitglied für die Diskussion zu entsenden.
   Arbeitet das Material im Buch durch. Besorgt euch auch weitere Materialien (z. B. Zeitungen, Internet). Sammelt Pro- und Kontra-Argumente für oder gegen den Ausbau der A 14. Sucht nach Alternativen und Kompromissen.
2. **Durchführung**
   Bestimmt eine Leiterin oder einen Leiter der Diskussion und mindestens sechs Journalisten bzw. Journalistinnen für die Beobachtung und Berichterstattung. Die Mitglieder der Diskussion und das Publikum äußern sich und diskutieren ihre Auffassungen.
3. **Auswertung**
   Bewertet den Ablauf der Diskussion und das Ergebnis.

Bürgerbeteiligung

Im Baugesetzbuch ist geregelt, dass die Öffentlichkeit an der Raumplanung zu beteiligen ist. Bürger, Verbände und Behörden sind frühzeitig über Vorhaben zu informieren (z. B. durch öffentliche Auslegung, Info-Veranstaltungen). Von ihnen eingereichte Einwände oder Anregungen sind zu prüfen und ggf. zu berücksichtigen. Dadurch soll die Akzeptanz und Qualität der Bauleitplanung erhöht werden.

Aufgabe

1 **Führt eine Pro-und-Kontra-Diskussion zum Thema „Ausbau der A 14 – Für und Wider" durch. Nutzt dazu die Schrittfolge und die Materialien auf Seite 119.**

Bundesautobahn A 14 – Lückenschluss nach Norden

Seit vielen Jahren wird die Verlängerung der A14 diskutiert. Politiker und Unternehmen erhoffen sich davon die wirtschaftliche Entwicklung der Altmark und eine bessere Anbindung der Nord- und Ostseehäfen an die Metropolregion Mitteldeutschland.

Umweltverbände und Anwohner dagegen warnen vor Luftverschmutzung, Lärm und Zerstörung von Naturschutzgebieten. Der Bund für Umwelt und Naturschutz (BUND) will weiter gegen den geplanten Ausbau kämpfen. Dafür sollten die Bundesstraßen auf drei Fahrspuren ausgebaut werden.

M1 Viele Bürger – viele Meinungen

M2 Autobahn 14 an ihrem nördlichen Ende

M3 Befürworter für die Verlängerung der Autobahn A 14 demonstrieren im Landkreis Börde

Bürgerversammlung zum Ausbau der A14

Seehausen. Der BUND und das Bündnis „Pro B 189/B 5 – Keine A14" hatten zu einer öffentlichen Informationsveranstaltung in den Seehäuser „Ratskeller" eingeladen. Etwa 35 Autobahngegner, aber auch einige A14-Befürworter waren der Einladung gefolgt.

„Die A 14 führt durch hochsensible Lebensräume und die am dünnsten besiedelte Region unseres Landes. Eine gut ausgebaute Bundesstraße mit Ortsumgehungen und Überholspuren tut es auch – und sie tut es besser", so Prof. Hubert Weiger, der Vorsitzende des Bundes für Umwelt- und Naturschutz Deutschlands. Zudem widerspreche die Autobahn den Klimaschutzzielen der Bundesregierung und der EU.

Die Gesamtkosten beliefen sich mittlerweile auf 1,5 Milliarden Euro anstatt auf 700 Millionen, wie ursprünglich kalkuliert. Ein einziger Kilometer Autobahn verschlinge zehn Millionen Euro. „Man muss sich einmal vorstellen, was man mit dem Geld tun könnte – etwa für die Bildung." „Wir brauchen eine grundsätzliche Neuausrichtung unserer Verkehrspolitik. Es sei dringend erforderlich, den zunehmenden Güterverkehr in der EU auf die Schiene zu verlagern".

Dem BUND hingegen wurde vorgeworfen, das Leben von Arten vor das Leben der Menschen zu setzen. Unter den Zuhörern befand sich auch Sigrun Walsdorff, Sprecherin der Bürgerinitiative „Basta 14". „Ich bin auch dafür, mehr Verkehr auf die Schiene zu verlegen. Aber dafür ist das vorhandene Schienennetz gar nicht ausgelegt. Und wenn neue Bahnstrecken gebaut werden sollen, regt sich auch Widerstand in den Regionen – genau wie gegen eine Autobahn." Zudem warf sie den Autobahngegnern vor, mit unseriösen Zahlen bezüglich der Kosten für die Autobahn zu argumentieren.

(Nach: Volksstimme vom 14. Oktober 2009)

M4 Geplanter Verlauf der A 14

Statistische Daten

Länge: 154 Kilometer
Kosten: 1,3 Milliarden Euro
Finanzierung: 29 % Bund
29 % Bundesmittel, die den Ländern zufließen
42 % europäischer Fond EFRE
erwartetes Fahrzeugaufkommen:
24 000 bis 34 000 Fahrzeuge/Tag

M5 Daten zum Projekt A14

Eine Raumplanungsmaßnahm

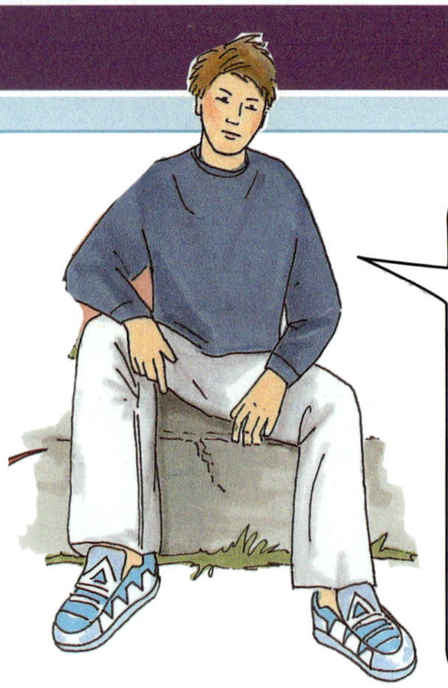

Ich bin Max aus der 9b. Ich will euch ein paar Tipps geben, wie ihr beim Erkunden und Bewerten einer Raumplanungsmaßnahme eurer Stadt oder Gemeinde vorgehen und euch einmischen könnt.
Mit meinen Mitschülern habe ich das Bauvorhaben „Neues Jugendzentrum in der Ortsmitte" begleitet.
Mein Ort hat 14 500 Einwohner. Es gibt zwei Schulen, einen Einkaufspark am Ortsrand mit zwei Supermärkten, ein paar Spiel- und Sportmöglichkeiten.
Das Bauvorhaben „Jugendzentrum" betrifft uns Jugendliche besonders. Wir sind natürlich dafür (siehe M1). Aber es gibt auch zahlreiche Bürger, die dagegen sind. Wir mussten uns ein klares Bild über den vorgeschlagenen Standort verschaffen und die Meinungen von Bürgern in unsere Bewertung einbeziehen.

In einer Gemeinde entscheidet der Gemeinderat über wichtige Bauvorhaben. In vielen Gemeinden gibt es auch einen Jugendgemeinderat. Weiterhin kann man sein Anliegen auf einer Bürgerversammlung vortragen. Sie wird einberufen, um den Bürgern zu ermöglichen, zum Beispiel zu einem Bebauungsplan Stellung zu nehmen.

Tipps zur Erkundung und Bewertung

- Ermittelt, welche Veränderung in eurer Stadt/Gemeinde geplant ist und welche Ziele mit dieser Maßnahme verfolgt werden.
- Diskutiert, welche Vorteile oder Nachteile das Bauvorhaben für euch hat.
- Bringt in Erfahrung, wie sich die Maßnahme in den Regional- und Flächennutzungsplan einordnet.
- Informiert euch über das ablaufende Raumordnungsverfahren.
- Zeigt Raumnutzungskonkurrenzen auf.
- Stellt fest, wie sich die Bürger am Planfeststellungsverfahren beteiligen.
- Organisiert eine Erkundung vor Ort, führt dabei auch eine Kartierung durch (siehe S. 121).
- Bewertet aus eurer Sicht das Bauvorhaben, auch unter dem Aspekt der Nachhaltigkeit.
- Wendet euch mit euren Argumenten an Verantwortliche.

Info

Informationsquellen

- Rathaus, Gemeindeverwaltung
- Zeitung und Internet
- Parteien
- Bürgerinitiativen

M1 Brainstorming: Gedanken zum Jugendzentrum

Aufgabe

1 **Recherchiere im Internet, was unter Raumordnungsverfahren, Regional- und Flächennutzungsplan sowie Planfeststellungsverfahren zu verstehen ist.**

2 **Erkunde eine Raumplanungsmaßnahme in deinem Umfeld. Orientiere dich an den Tipps zur Erkundung und Bewertung.**

Arbeitsheft

Eine Kartierung vornehmen

Julia und Lucas gehen in dieselbe Klasse wie Max. Sie haben die Aufgabe übernommen, die Straße, in der das Jugendzentrum gebaut werden soll, zu kartieren. Dabei stellen sie sich die Frage, wie die Gebäude in der Straße genutzt werden.

So gehst du vor

1. Formuliere eine Frage, die du mithilfe der Methode der Kartierung beantworten möchtest.
2. Lege eine Legende an, in der du die Nutzungsstrukturen der Straße mithilfe von Farben verdeutlichst.
3. Grenze das zu kartierende Gebiet ein und zeichne die Umrisse der Fläche auf das Papier. Nutze zur besseren Orientierung einen Stadtplan.
4. Zeichne die Umrisse der Gebäude ein. Schätze dazu die Größe der Gebäude ab und übertrage sie in deine Karte.
5. Ermittle die Nutzung der einzelnen Gebäude und trage mithilfe der Farben aus der Legende die Nutzungsstruktur in die Kartenskizze ein. Dokumentiere auch mithilfe von Fotos.
6. Übertrage die Daten der Kartenskizze noch einmal sauber und übersichtlich in eine Präsentationskarte. Beschrifte sie mit Überschrift, Legende, Nordpfeil und Maßstab.
7. Werte die Daten der Kartierung aus, beantworte die Ausgangsfrage. Stelle dein Ergebnis vor.

Info

Nutzungskartierung

Eine Nutzungskartierung ist eine Kartenskizze, die zeigt, wie die einzelnen Häuser in einer Straße genutzt werden. Dazu können alle Stockwerke der Häuser oder nur die untere Geschäftsetage kartiert werden.

Materialien für die Kartierung

- karierte Blätter oder Kartengrundlage (z. B. Stadtplanauszug)
- feste Schreibunterlage, Schreibzeug (Buntstifte)
- Fotoapparat

Aufgabe

2 Führe eine Nutzungskartierung durch. Orientiere dich an der Schrittfolge.

M2 Festlegen des Gebietes

M3 Julia und Lucas beim Kartieren

Eine Raumanalyse vor Ort durchführen

Eine Raumanalyse vor Ort (z. B. Exkursion) dient dazu, geographische Sachverhalte in ihrer originalen Form zu erforschen. Dabei kann die Ausstattung, Nutzung und Gestaltung eines Raumes untersucht werden (M1).

Wichtig dabei ist, konkrete Problemstellungen bzw. Fragen zu formulieren, die mithilfe der Raumanalyse vor Ort beantwortet werden sollen.

Info

Ausgewählte Methoden

- Beobachten des Raumes
- Skizzieren (Lage- und Wegeskizzen)
- Schätzen (z. B. Entfernungen)
- Zählen (z. B. Verkehrsaufkommen)
- Messen (z. B. Temperatur)
- Anlegen eines Bodenprofils
- Befragen (z. B. Freizeitverhalten)
- Kartieren (z. B. Flächennutzungen)
- Dokumentieren/Fotografieren
- Präsentieren

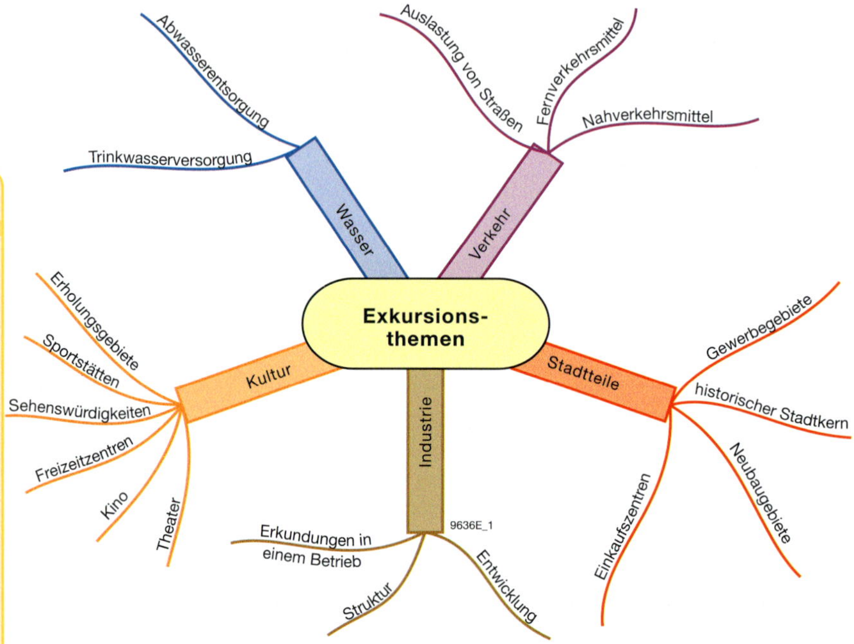

M1 Mindmap zu möglichen Themen

M2 Schüler beim Anlegen eines Bodenprofils

M3 Schüler bei einer Verkehrszählung

So geht ihr vor

1. **Vorbereitung**
   - Problemfragen formulieren, die beantwortet werden sollen
   - Untersuchungsorte festlegen, die für die Beantwortung der Fragen geeignet sind und Untersuchungsmethoden auswählen
   - Aufgaben festlegen, die zu bearbeiten sind (Arbeitsplan)
   - Materialien bereitstellen (Schreibzeug, Karte, Kompass, Bandmaß, Lupe, Digitalkamera, GPS-Gerät …)
2. **Durchführung (Arbeit meist in Gruppen)**
   - sich am Arbeitsplan, an den Problemfragen orientieren
   - sich mit und ohne Hilfsmittel im Gelände orientieren, den Standort bestimmen
   - Wegeskizzen anfertigen, Standorte eintragen
   - Untersuchungsmethoden anwenden (Info-Kasten S. 122)
   - Untersuchungsergebnisse notieren
3. **Auswertung**
   - Beobachtungs- und Untersuchungsergebnisse auswerten; Fragestellungen mithilfe der Untersuchungsergebnisse beantworten
   - Ergebnisse dokumentieren und präsentieren, zum Beispiel mithilfe von Ergebnismappen, Plakaten, PowerPoint-Präsentationen, Schautafeln, Rollenspielen u. a. (vgl. S. 124 M2)

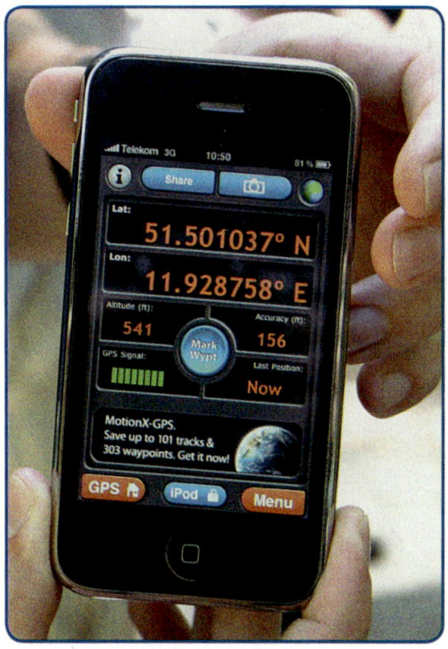

M4 Orientierung mit GPS im Handy

Aufgabe

1 Führt selbst eine Raumanalyse durch. Orientiert euch an der Schrittfolge.

- mit dem Kompass oder GPS
- nach der Stellung der Sterne
- nach der Uhrzeit und dem Sonnenstand

- nach Merkmalen von Geländeobjekten, z. B. Baumkronen, Kirchen

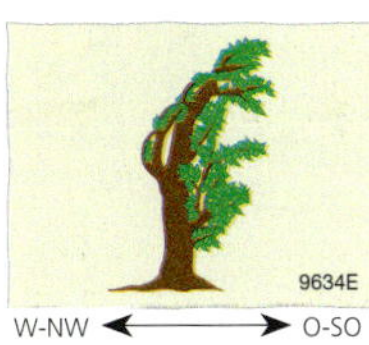

M5 Orientierung ohne Karte

M6 Schüler beim Anfertigen einer Wegeskizze

METHODE

Ergebnisse präsentieren

M1 Skater

Die Klasse 9 der Sekundarschule „Am Zoo" präsentiert die Ergebnisse der Erkundung einer Planungsmaßnahme zum Thema: „Bau eines Skateparks mitten im Wohngebiet" an einem Elternabend.
Die Jugendlichen stellen ihre Ergebnisse auf unterschiedliche Weise vor. Die einen halten einen Vortrag mit einer Computerpräsentation, eine andere Gruppe hat einen Leserbrief geschrieben und wieder andere eine Wandzeitung erstellt.

Die Eltern und Gäste hören den Jugendlichen aufmerksam zu und lassen sich viele Zusammenhänge erläutern. Am Ende ergibt sich eine lebhafte Diskussion zum Für und Wider des geplanten Baus des Skateparks.

Aufgabe

1 **Beschreibe verschiedene Präsentationstechniken.**

Einen Vortrag gestalten

- Erstelle eine Gliederung, die dein Publikum mitverfolgen kann.
- Schreibe dir zu jedem Gliederungspunkt Stichworte in dein Konzept.
- Benutze bei deinem Vortrag Anschauungsmaterial (Folien, Karten, Tafel, ...), vermerke in deinem Konzept, wann du sie einsetzen möchtest.
- Füge Beispiele zur Verdeutlichung an.
- Gib dem Publikum die Gelegenheit, nachzufragen.

Einen Leserbrief schreiben

- Ein Leserbrief in der Zeitung erreicht sehr viele Menschen. Er ist ein gutes Mittel, sein Anliegen darzustellen.
- Versuche in der Einleitung, das Interesse des Lesers zu wecken, bleibe aber beim Thema.
- Widerlege zunächst die Gegenargumente, füge deine Argumente an, schreibe dein stärkstes Argument zum Schluss.
- Stelle am Ende eine sinnvolle Forderung auf.

Eine Wandzeitung anfertigen

- Besorge dir geeignete Materialien (Tonpapier, Papierrollen, Farben, Bilder, Abbildungen, Karten ...).
- Die Überschriften müssen dem Betrachter sofort auffallen.
- Zeichne selbst Schaubilder.
- Klebe Fotos dazu.
- Verfasse kurze Texte selbst.
- Achte beim Schreiben darauf, dass deine Schrift groß und deutlich ist, schreibe in einfarbigen Druckbuchstaben.
- Suche einen geeigneten Ort, an dem die Wandzeitung noch lange gelesen werden kann.

Eine Computerpräsentation erstellen

- Wähle ein Präsentationsprogramm aus, z.B. PowerPoint.
- Suche dir eine helle Hintergrundfarbe aus, auf der man die Schrift gut erkennt.
- Beginne mit einer Folie, die dein Thema benennt.
- Erstelle eine Folie mit einer Gliederung.
- Benutze eine große Schriftgröße (mind. 20 Punkt).
- Schreibe nur wenig Text auf die Folie, schreibe dafür deine Notizen ausführlicher.
- Füge Abbildungen und Fotos ein.
- Unterlege eventuell einige Bilder mit passender Musik.
- Gestalte eine Abschlussfolie.
- Lasse dem Publikum genug Zeit, deine Folie anzuschauen.

M2 Präsentationstechniken

Gewusst – gekonnt

1 Standortfaktoren

Ordne die nachfolgenden Voraussetzungen harten und weichen Standortfaktoren zu.

Steinkohle, qualifizierte Arbeitskräfte, kulturelle Einrichtungen, Energieversorgung, Hochschulen, IC-Anbindung, Image der Region, Grundstücksangebot, Absatzmarkt, Autobahnanschluss, Wohnqualität

2 Wirtschaftsräumliche Gliederung

Entscheide, ob die nachfolgenden Aussagen richtig oder falsch sind. Begründe deine Entscheidung.

	richtig	falsch
Das Ruhrgebiet ist ein Verdichtungsraum.		
In der Altmark dominiert der tertiäre Sektor.		
Der Tourismus gehört zum primären Sektor.		
In Deutschland vollzieht sich ein Wandel zur Dienstleistungsgesellschaft.		

3 Raumplanung – Raumordnung

Bilde fünf zusammengesetzte Substantive unter Nutzung nachfolgender Wörter (Beachte: Mehrfachverwendungen von Wörtern sind möglich.)

Entwicklung, Bebauung, Flächen, Zentrum, Raum, Feststellung, Versammlung, Bürger, Region, Nutzung, Ober-, Plan, Metropol-, Bürger, Landes, Verfahren

- die wirtschaftsräumliche Gliederung Deutschlands erklären,
- am Beispiel eines Verdichtungsraumes den Bedeutungswandel der Wirtschaftssektoren und Standortfaktoren nachweisen,
- eine Standortanalyse durchführen,
- Aufgaben der Raumordnung und -planung erläutern und eine Raumplanungsmaßnahme analysieren,
- Vorschläge für eine nachhaltige Raumgestaltung im Realraum erarbeiten,
- dich im Realraum mit Hilfsmitteln orientieren und eine Raumanalyse durchführen.

Du kannst dabei folgende Fachbegriffe anwenden:
Wirtschaftssektor, Standortfaktor, Strukturwandel, Raumordnungsplan

Minilexikon

Agrobusiness (Seite 69)
Organisations- und Produktionsform in der Landwirtschaft, die der Industrie ähnlich ist. Ein Kennzeichen von Unternehmen im Agrobusiness ist die Zusammenfassung aller Produktionsabläufe von der Herstellung über die Verarbeitung bis hin zur Vermarktung.

City (Seite 46)
Das Wort kommt aus dem Englischen und bezeichnet ursprünglich das Gebiet einer Stadt mit eigener Verwaltung. Im englischen Sprachraum wird jede größere Stadt als City bezeichnet (New York City – die Stadt New York).
Der Begriff „City" bezeichnet auch das Geschäfts- und Verwaltungsviertel in der Stadtmitte einer Großstadt. Hier gibt es viele Arbeitsplätze, aber kaum Wohnungen.

Disparitäten (Seite 9)
Ungleichheiten in der räumlichen Ausstattung von Regionen. Diese zeigen sich in der Naturraumausstattung ebenso wie im unterschiedlichen Angebot an Arbeitsplätzen oder an unterschiedlichen Lebensbedingungen bzw. ungleichen Entwicklungsmöglichkeiten.

Europäische Union (Seite 84)
Staatenbündnis von 27 europäischen Mitgliedsländern mit dem Ziel einer wirtschaftlichen und politischen Integration.

Euroregionen (Seite 88)
Regionen an den Binnen- und Außengrenzen der EU, in denen grenzüberschreitende Zusammenarbeit vereinbart und praktiziert wird, z. B. auf dem Gebiet des Tourismus, der Umwelt, des Sports und der Kultur.

Factory Farm (Seite 69)
Farm mit einem hohen Mechanisierungsgrad für die Bewirtschaftung auf großen Flächen, verbunden mit einem hohen Kapitalaufwand für Investitionen (z. B. Ausbau der Bewässerungs- oder Fütterungsanlagen).

Globalisierung (Seite 14)
Prozess der weltweiten Verflechtung der Staaten der Erde untereinander, der durch moderne Kommunikationsmittel gefördert wird. Der Begriff wird meistens bezüglich der Wirtschaftsbeziehungen verwendet. Konzerne wachsen, verbunden durch globale Daten- und Finanzströme, zu multinationalen Wirtschaftseinheiten.

Infrastruktur (Seite 67)
Dazu zählen alle Einrichtungen, die zur Entwicklung eines Raumes notwendig sind, wie Verkehrswege, Wasser- und Stromleitungen, Entsorgungsanlagen, Bildungs- und Erholungseinrichtungen, Krankenhäuser.

Metropolisierung (Seite 47)
Prozess der Konzentration eines hohen Anteils der Bevölkerung, der Wirtschaft und Verwaltung, der sozialen und kulturellen Einrichtungen in zumeist nur einer Stadt eines Landes, der Metropole. Ursachen für die Metropolisierung liegen in Entwicklungsländern vor allem in der Unterentwicklung der meisten Landesteile. Die Armut zwingt die Menschen, ihre Dörfer zu verlassen. Das Hauptziel ihrer Wanderung ist die Metropole.

Mobilität (Seite 59)
Beweglichkeit von Personen oder Gruppen. Mobilität drückt sowohl eine große Bereitschaft aus, aus beruflichen oder privaten Gründen den Wohnort zu wechseln, also z. B. vom Land in die Stadt oder in ein anderes Bundesland zu ziehen. Auch die Bereitschaft, als Pendler weite Strecken zwischen Wohnort und Arbeitsplatz zurückzulegen oder in andere Länder zu reisen, kann man als Mobilität bezeichnen.

Nationalpark (Seite 72)
Nationalparks sind große Gebiete mit besonders schönen oder seltenen Naturlandschaften. Es gelten Schutzbestimmungen, um die hier lebenden Tiere und Pflanzen in ihren Lebensräumen zu erhalten. Die Schutzbestimmungen sind in den verschiedenen Staaten allerdings sehr unterschiedlich.

Raumordnungsplan (Seite 110)
Übergeordnete, förmlich zusammengefasste und aufeinander abgestimmte Programme und Pläne des Bundes bzw. der Länder.

Standortfaktoren (Seite 101)
Die Gründe, die für oder gegen einen Standort eines Unternehmens sprechen, nennt man Standortfaktoren. Es werden harte und weiche Standortfaktoren unterschieden.

Strukturwandel (Seite 103)
Veränderung in der Struktur eines Raumes (z. B. Wirtschaftsstruktur) oder eines Betriebes (Betriebsstruktur). Von Bedeutung ist vor allem der Wandel in der Wirtschaftsstruktur, z. B. von einer Monostruktur (ein Industriezweig) hin zu einer Vielseitigkeit oder dem Wechsel von einer Branche zu einer anderen.

Transit (Seite 89)
Durchfuhr von Waren und Personen aus einem Land durch das Territorium eines anderen in ein drittes Land. Der Transitverkehr wird durch Verträge der beteiligten Staaten geregelt.

Wirtschaftssektor (Seite 96)
Bereiche der Wirtschaft, in denen ähnliche Wirtschaftszweige zusammengefasst sind. Man unterscheidet zwischen primärem, sekundärem und tertiärem Sektor.

Elendssiedlung
Wohngebiet mit sehr schlechten Lebensbedingungen. Die Grundbedürfnisse der Bewohner dort können nicht ausreichend befriedigt werden.

Flächennutzungsplan
In einem Flächennutzungsplan wird die voraussichtliche Flächennutzung für das gesamte Gemeindegebiet in den Grundzügen dargestellt.

Global Player
Weltweit agierendes Unternehmen, das Produktionsstandorte in der ganzen Welt hat und den Weltmarkt beliefert.

Landesentwicklungsplan (LEP)
Verbindliche Grundlage für alle raumordnerischen und strukturellen Entscheidungen eines Bundeslandes. Ein Landesentwicklungsplan ist eingebunden in die Raumentwicklung Deutschlands und der Europäischen Union.

Migration
Wanderung einzelner Menschen oder Menschengruppen, die mit einem Wechsel des Wohnsitzes über eine Landesgrenze hinaus verbunden ist; Binnenwanderung dagegen bezeichnet den Wechsel des Wohnortes innerhalb eines Landes. Gründe dafür können die Suche nach einem Arbeitsplatz, aber auch die Flucht vor Hunger und Kriegen sein.

Regionalisierung
Herausbildung von wachstumsstarken Teilräumen innerhalb von Regionen und Ländern. Sie zeigt sich insbesondere im Zusammenschluss in Wirtschaftsbündnissen.

Zentraler Ort
Zentrale Orte sind Städte, deren infrastrukturelle Einrichtungen nicht nur der eigenen Bevölkerung, sondern auch der ihres Umlandes dienen. Je nach Bedeutung werden in Sachsen-Anhalt Oberzentren, Mittelzentren und Grundzentren ausgewiesen.

Quellenverzeichnis

alamy images, GB-Oxfordshire: 66 M1 iPhone (AJMDRY), 66 M1 iPod (D. Hurst); Associated Press, Frankfurt/Main: 48 M1 (Willens), 65 M4 (Phil Long), 72 M2 (Ross D. Franklin), 108 M2 (Probst); Bachmann, H., Hamburg: 122 M3; Bergemann, Nicole, Berlin: 45 M4 li.; Bernard, T.: 54 m.; Bildarchiv Preußischer Kulturbesitz, Berlin: 26 M3 (Lutz Braun); Blossey, Hans - Luftbildfotografie, Hamm: 105 M4; BMW AG, München: 61 u. sekundär (Klindthworth), 100 M1 groß, 100 M1 u.; Brants, Edgar, Paderborn: 87 M4 u.; Breinbauer, A., Wien: 110 M1; Bridgeman, Berlin: 78 u. (Isabella Stewart Gardner Museum, Boston/MA, USA); Brot für die Welt, Stuttgart: 11 M3; Caritasverband Hannover e. V.: 11 M3; Caro Fotoagentur, Berlin: 117 M3 (Oberhaeuser); CCC/www.c5.net, Pfaffenhofen: 85 M3 (Kaczmarek), 91 u. (Walter Hanel); Cinzano, P./Falchi, F./Elvidge, C.D./Baugh, K., Padova : 78 M2 (2001); Claas, Harsewinkel: 54 re.m.; CNH Deutschland GmbH, Heilbronn: 96; Colditz, Margit, Halle: 13 u.re., 43 o.re.; Corbis, Düsseldorf: Titel/Stadt (Image Source), 40 o.li. (Bob Daemmrich), 43 m.li. (Buddy Mays), 46 M2 (Alan Schein Photography), 48 M2 (Doug Pearson/JAI), 51 M3 (Reuters), 56 M1 u.re. (Mosenfelder), 55 o.m. und 59 M4 (zefa/Rose), 65 M3 (Owen Franken), 86 M1 li. (Hawkes); ddp images, Hamburg: 98 M3 (Jens Schlüter); Demmrich, André, Berlin: 29 M5, 34 M1, 35 M3; Deutsche Lufthansa AG, Frankfurt/Main: 109 M4 o.li.; Deutsche Post AG, Bonn : 96 M1 u.li., 114 M1 o.m. (2010); Deutsche Stiftung Weltbevölkerung, Hannover : 11 M3; Deutsche Welthungerhilfe e.V., Bonn: 11 M3; Dobers, Joachim, Walsrode: 69 M3; DOW Europe GmbH, CH-Horgen: 114 DOW; Eastway, Witten: 86 M1 re.; eBay Deutschland, Kleinmachnow: 66 M1 ebay; EUREGIO e.V., Gronau: 88 M2; Europäische Union, Brüssel: 79 M5; Europäisches Jugendportal / http://europa.eu/youth/: 85 M5 EU; Euroregion Pro Europa Viadrina, Deutsche Geschäftsstelle, Frankfurt/Oder: 89 M3; Flughafen Frankfurt/ Main: 109 M4 o.re., 109 M4 u.; Focus, Hamburg: 9 M4 (Siebert), 43 m.re. (S. Maze/Woodfin Camp); fotolia.com , New York: 31 m. (gaelj), 31 u. (Klaus Heidemann), 37 M4 (DPix Center), 66 M1 Laptop (Fatman73), 96 M1 o.li. (Gernot Krautberger), 99 M7 (Gabriele Rohde), 4 re.u. (moonrun); Frambach, Timo, Braunschweig: 4 li.o. und 54/55 M1 Collage, 54 re.o., 55 re.o., 55 re.u., 63 u.; Frantz, K., A-Innsbruck: 54 re.u.; Fuchs, M., Gladbeck: 102 M2; Geissen, Hans: 20 M1; Geospace, A-Salzburg: 46 M1; Gerster, Georg, CH-Zumikon: 59 u.li., 68 M2, 69 m; Getty Images, München: Titel/Jugendliche (Image Source), 33 M4 (Mandel Ngan/AFP), 45 M7 (Bernetti/AFP), 47 M6 (Guilherme Pinto/Globo), 56 M1 u.m. (Tony Yu), 58 o.re. (Linda Davidson/Washington Post), 60 M1 (Daniel Acker/ Bloomberg), 62 M1 (Jeremy Bales/Bloomberg); Gräning, Horst, Lubmin: 94 M2; Hahn, B., Lüneburg: 62 m.li.; Hard Rock Cafe International, USA-Orlando: 56 M1 m.re.; Herschelmann, Kay, Berlin: 124 M1; Hewlett-Packard GmbH, Böblingen: 66 M1 hp; Huber, Bildagentur, Garmisch-Partenkirchen: 73 M4 (Gräfenhain); Hübscher, Heinrich, Lüneburg: 45 M4 re.; i.m.a, Bonn: 98 M1; IJAB - Fachstelle für Internationale Jugendarbeit der Bundesrepublik Deutschland e.V., Bonn: 85 M5 ijab; images.de, Berlin: 44 M1 o. (Mark Edwards), 83 o. (Neil Setchfield/ Lonely Planet Images); Imaginechina, China-Shanghai: 18 M1; iStockphoto, CAN-Calgary: 12 li. (King Ho Yim), 37 M3 klein (Danicek), 39 M3 (Imre Cikajlo), 58 M2 (Daniel Padavona); JUGEND für Europa, Bonn: 85 M5 Aktion, 85 M5 web; Kreuzberger, Norma, Lohmar: 105 M5; laif, Köln: 3 re.o. und 6/7 M1 (Hollandse Hoogte/Sake Rijpkema), 13 u.li. (Piepenburg), 27 m.li. (Karl-Heinz Raach), 27 u. (Schultze, F.), 41 M2 (Gonzalez), 63 M2 (Zielske), 66 M1 m. (Eros Hoagland/redux); Landesamt für Denkmalpflege und Archäologie Sachsen-Anhalt, Halle: 114 M1 u.li. (Juraj Lipták); Latz, Wolfgang, Linz: 99 M5; Leipziger Messe GmbH: 114 M1 o.re., 115 M3; Lindau, Anne-Kathrin, Lieskau: 52 M2, 122 M2, 123 M6; Lueger, Ralph, Essen: 102 o. Foto; Marcus, F., NL-Nijmengen: 11 M4; mauritius images, Mittenwald: 3 re.u. und 22/23 M1 (age fotostock), 9 M3 (Manus), 13 u.m. (age), 24 M3 (Vidler), 37 M2, 37 M3 (Fischer), 43 u.li. (Reinhard Kliem), 43 u.re. (age), 87 M4 li. (Rosenfeld); Metropolregion Mitteldeutschland, Dresden: 114 o.li.; MEV Verlag GmbH, Augsburg: 59 m.li.; MISEREOR e.V., Aachen: 11 M3; NASA, USA-Houston: 55 u.re., 55 u.m.; Pandis Media GmbH, München: 32 M3, 55 u.li.; Picture-Alliance, Frankfurt/Main: 15 M2 (dpa/AFP), 17 m. (dpa/Friso Gentsch), 17 u. (Yun Suk-Bong), 25 m. (dpa/Bernd Kubisch), 27 M5 (epa Scanpix Teitur Jonasson), 28 M3 (Castelein), 32 M1 (dpa/hotoreporters), 45 M6 li. (Paolo Koch), 45 M6 re. (Holger Stamme/Okapia), 47 u. (Hirschberg/ Zentralbild), 49 M5, 56 M1 o.re. (SCHROEWIG/Baganz), 58 M3 (dpa/Justin Lane/epa), 61 u. tertiär (dpa/Marcus Führer), 62 m.re. (Melchert), 73 M5 (ZUMA Press/mr7), 83 u. (Bildagentur Huber/PictureFinders), 85 M4 (Globus), 87 M4 re. (dpa/Bahn AG), 96 M1 u.re., 100 M1 o. (Waltraud Grubitzsch/ epa), 103 M5 (dpa/Bernd Thissen), 113 M4 (Zentralbild/euroluftbild.de), 116 M2 (zb/Haid), 117 u. (Zentralbild/Waltraud Grubitzsch), 119 M2 (Zentralbild/Jens Wolf), 119 M3 (Zentralbild/Peter Förster); Protze, Notburga, Halle: 87 M3, 121 M2, 121 M3, 123 M4; Reuters, Berlin: 14 M1 li. (Vijay Mathur), 83 m. (Albert Gea); Robert, C., Helena: 57 u.li.; Ruhr Nachrichten, Bochum: 104 M3 (Vahlensiek); Ruhr-Universität Bochum: 103 M6; RUHR.2010 GmbH, Essen: 102 M3 (Fotomontage: RUHR.2010/ujesko, Michael Moos), 102 o. Text, 103 M5 Logo; Schlemmer, Herbert, Berlin: 5 re.o. und 92/93 M1; Schönauer-Kornek, Sabine, Wolfenbüttel: alle Geofix, 3 Illus, 21 o., 34 M2, 53, 69 M4, 75, 80 m., 81 M4, 91 o., 120 o.li., 125; Seidig, Braunschweig: 79; SILICON SAXONY e.V., Dresden: 114 M1 o.li.; Stadtvermessungsamt Frankfurt/Main: 94 M1; Stiftung Warentest, Berlin: 56 M1 Airwaves; Strohbach, Dietrich, Berlin: 29 M4, 71 M4; Tekülve, R., Essen: 14 M1 m., 14 M1 re., 16 M1; terre des hommes Deutschland e.V., Osnabrück: 11 M3; The Bettmann Archive Inc., New York: 70 M3; TopicMedia Service, Ottobrunn: 24 M2 (Tschanz-Hofmann), 44 M1 li. (Weinzierl), 94 M3 (Heine); 20th Century Fox of Germany, Frankfurt/M.: 56 M1 o.li.; ullstein bild, Berlin: 54 li.o.; UN/DPT Photo, New York: 10 M2; UNICEF Deutschland, Köln: 11 M3; vario images, Bonn: 67 M3; vegas-online.de, Gersheim: 63 M3; Verlagsgruppe Droemer Knaur, München: 26 M4; Visum Foto, Hamburg: 57 M2 (The Image Works); Volkmann, H., Bochum: 38 u.; Volkswagen AG, Wolfsburg: 42 u.; Wartburg Stiftung, Eisenach: 114 M1 u.re.; Wildlife Bildagentur, Hamburg: 43 o.li., 72 M3 (D.J.Cox); www.rausvonzuhaus.de, Bonn: 85 M4 Berater; www.worldmapper.org ©SASI Group (University of Sheffield) and Mark Newman (University of Michigan), Sheffield: 74 M1, 74 M2; Zentrum für europäische Bildung, Bonn: 4 u.li. und 76/77 M1; Zimmermann, S., Göttingen: 54 li.u.

Weitere Autoren

Matthias Bahr, Matthias Baumann, Kerstin Bräuer, Edgar Brants, Dieter Engelmann, Timo Frambach, Kerstin Gerlach, Horst Gräning, Gerhild Haller, Ute Irmscher, August-Wilhelm Kaemper, Claus Kappl, Holger Kerkhof, Peter Kirch, Norma Kreuzberger, Karin Kortschakowski, Wolfgang Latz, Anne-Kathrin Lindau, Hans Walter Lorang, Anja Mevs, Jürgen Nebel, Alexander Oberst, Friedrich Pauly, Bernd Raczkowski, Jens Scheller, Carola Schön, Doris Steinberg, Dietrich Strohbach, Rita Tekülve, Ralf Tieke, Sylvia Trauzold, Walter Weidner, Ralf Wendt, Dorothea Wiktorin und Thomas Zehrer.

Atlantischer Ozean
Pazifischer Ozean
Grönland
Island
Kanadischer Schild
Rocky Mountains (Felsengebirge)
Great Plains
Barrengrounds
Alaska
Alaskakette
Mackenziegebirge
Küstengebirge
Küstenkette
Sierra Nevada
Großes Becken
Coloradoplateau
Westliche Sierra Madre
Östl. Sierra Madre
Hochland von Mexiko
Appalachen
Labrador
Golfküstenebene
Atlantische Küstenebene
Niederkalifornien
Florida
Yucatán
Große Antillen
Kuba
Hispaniola
Bahama-Inseln
Beaufortsee
Golf von Alaska
Golf von Kalifornien
Golf von Mexiko
Hudsonbai
Foxebecken
Baffinbai
Labradorsee
Sargassosee
Davisstraße
Danmarkstraße
Hudsonstraße
McClure-Str.
Floridastraße
Str. v. Yukatan
Sankt-Lorenz-Golf
Baffin-Insel
Victoria-Insel
Banks-Insel
Devon-Insel
Southampton-Insel
Ellesmere-Insel
Parry-Inseln
Magnetischer Pol
Neufundland
Neuschottland
Kap Race
Kap Farvel
St.-Pierre u. Miquelon
Azoren
Bermuda
Revilla-Gigedo-Inseln
Guadalupe
Nördlicher Wendekreis
Mount McKinley 6198
Mount Logan 5951
Mount Robson 3954
Mount Rainier 4392
Mount Shasta 4317
Mount Whitney 4421
Mount Elbert 4396
Gannett Peak 4202
Black Hills 2207
Mount Mitchell 2039
Popocatepetl 5452
Pico de Orizaba 5700
Yukon
Mackenzie
Peace
Athabasca
Saskatchewan
Nelson
Missouri
Mississippi
Ohio
Arkansas
Red River
Tennessee
Snake
Columbia
Fraser
Colorado
R. Grande
Albany
Großer Bärensee
Gr. Sklavensee
Athabascasee
Winnipegsee
Oberer See
Michigansee
Huronsee
Eriesee
Ontariosee
Großer Salzsee
Tal des Todes
Grand Canyon
Anchorage
Vancouver
Seattle
Portland
Kap Mendocino
Sacramento
San Francisco
Los Angeles
San Diego
Tijuana
Las Vegas
Salt Lake City
Denver
Phoenix
Ciudad Juárez
Monterrey
Torreón
León
Guadalajara
Mexiko-Stadt
Puebla
Minneapolis
Milwaukee
Chicago
Detroit
Cleveland
Indianapolis
Cincinnati
Columbus
Pittsburgh
Kansas City
St. Louis
Louisville
Nashville
Memphis
Oklahoma City
Dallas
Austin
San Antonio
Houston
New Orleans
Atlanta
Charlotte
Norfolk
Washington
Philadelphia
New York
Hartford
Boston
Kap Cod
Buffalo
Toronto
Ottawa
Montreal
Jacksonville
Orlando
Kap Canaveral
Tampa
West Palm Beach
Miami
Havanna
Jamaika
Port-au-Prince
Santo Domingo
San Juan
Puerto Rico
Guadeloupe
Martinique
Glasgow
Newcastle upon Tyne
Mittelengland
Dublin
Birmingham
London
Randstad
Hannover
Rhein-Ruhr
Brüssel
Frankfurt
Paris
Färöer
nach Hawaii 2500 km